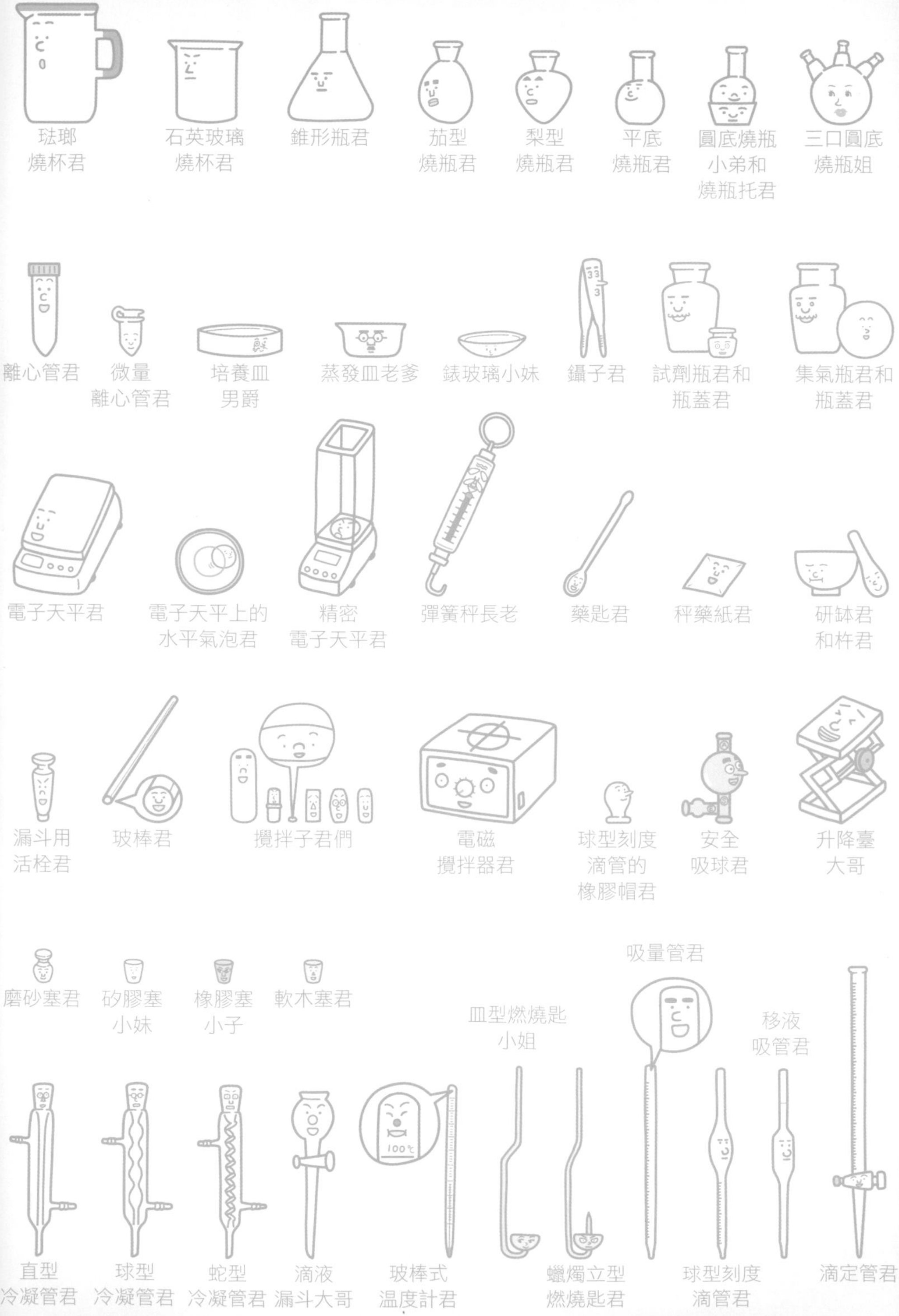

珐瑯燒杯君
石英玻璃燒杯君
錐形瓶君
茄型燒瓶君
梨型燒瓶君
平底燒瓶君
圓底燒瓶小弟和燒瓶托君
三口圓底燒瓶姐
離心管君
微量離心管君
培養皿男爵
蒸發皿老爹
錶玻璃小妹
鑷子君
試劑瓶君和瓶蓋君
集氣瓶君和瓶蓋君
電子天平君
電子天平上的水平氣泡君
精密電子天平君
彈簧秤長老
藥匙君
秤藥紙君
研缽君和杵君
漏斗用活栓君
玻棒君
攪拌子君們
電磁攪拌器君
球型刻度滴管的橡膠帽君
安全吸球君
升降臺大哥
磨砂塞君
矽膠塞小妹
橡膠塞小子
軟木塞君
吸量管君
皿型燃燒匙小姐
移液吸管君
100℃
直型冷凝管君
球型冷凝管君
蛇型冷凝管君
滴液漏斗大哥
玻棒式溫度計君
蠟燭立型燃燒匙君
球型刻度滴管君
滴定管君

燒杯君和他的夥伴

燒杯君
錐形燒杯君
高型燒杯君
把手燒杯君
不鏽鋼燒杯君與杯蓋君
凱氏分解瓶君
支管燒瓶君
容量瓶小妹
上皿天平君和2個秤盤君
砝碼3兄弟
5g
2g
片狀砝碼3兄弟
500mg
200mg
100mg
試管兄弟
雙叉試管大哥
試管夾君
試管架君
量筒君
量杯君
微量藥匙君
濾紙君
漏斗小妹
漏斗架君
布氏漏斗大叔
吸濾瓶君
水流抽氣器君和塑膠管君
分液漏斗夫人和蓋子君
燃燒前鋼絲絨君
燃燒後鋼絲絨大叔
25.8
電子溫度計君
洗瓶君
滴管清潔組
（洗滌器君、洗滌籃君、洗滌槽君）
藍色石蕊試紙君和紅色石蕊試紙君
pH廣用試紙君和盒子君
電子碼錶君
機械式碼錶爺爺
羅盤大叔
分光光度計君
石英光析管君

燒杯君和

上谷夫婦 著　唐一寧 譯

這個步驟
是有道理的！
MIL

他的化學實驗

Chemical experiment by Beaker-kun

遠流

前言

大家好，我們是理科系插畫家上谷夫婦。簡單的自我介紹，我們真的是一對夫妻組合，先生原是化妝品製造商的研究員，太太原本則是體育路線的人。本書插畫主要由先生負責，著色等工作則由太太擔綱（順帶一提，這篇「前言」出自先生之手）。

雖然我們以理科系插畫家之姿完成這本書，可是，因為太太並非理科出身，所以製作期間總得一面傳達詳細資訊、一面盯緊進度；又或者我認為她懂了，卻完全不那麼回事的時候，我和太太就得方方面面的討論，而且要畫給她看。

「燒杯君」是我在研究員時期，因為興趣、好玩而畫出來的角色，後來其他角色也陸續增加。在第一本《燒杯君和他的夥伴》裡面收錄了超過一百三十種角色。本書這次也有逾二十種新角色登場，算起來目前已有超過一百五十種角色問世。

本書這次由燒杯君來介紹各式各樣的化學實驗，總共超過二十種實驗。從「鋼絲絨燃燒實驗」到「索式萃取器之麻油萃取」那種想來就枯燥的實驗都有。再者，本書將以「製造」、「測量」、「觀察」、「分離」這四個類別，針對各實驗進行分類和介紹。

只是，由於僅憑我一己之感來分類，所以或許給人「哪是這樣？」的疑問也說不定，例如「明礬的結晶生成實驗由於是再結晶（精製方法的一種），所以應該是『分離』！」或者「燃燒鋼絲絨會製造氧化鐵，所以應該是『製造』！」這類的話，就請別說了吧……

對中小學生來說，本書同樣不是參考書，而是一本能帶給讀者「竟然有這種實驗！」以及「我有做過那個實驗」的那種快樂小書。若有讀者因本書而對理科或化學產生興趣，我將十分開心。

繼上一本之後，感謝仍為本書撰寫專欄的山村先生、風格設計的佐藤、編輯杉浦以及ことり社的小島。拜他們之賜，這又是一本令人愉快的小書。

這次，也請把思緒放回實驗室中，來閱讀本書吧。

上谷夫婦

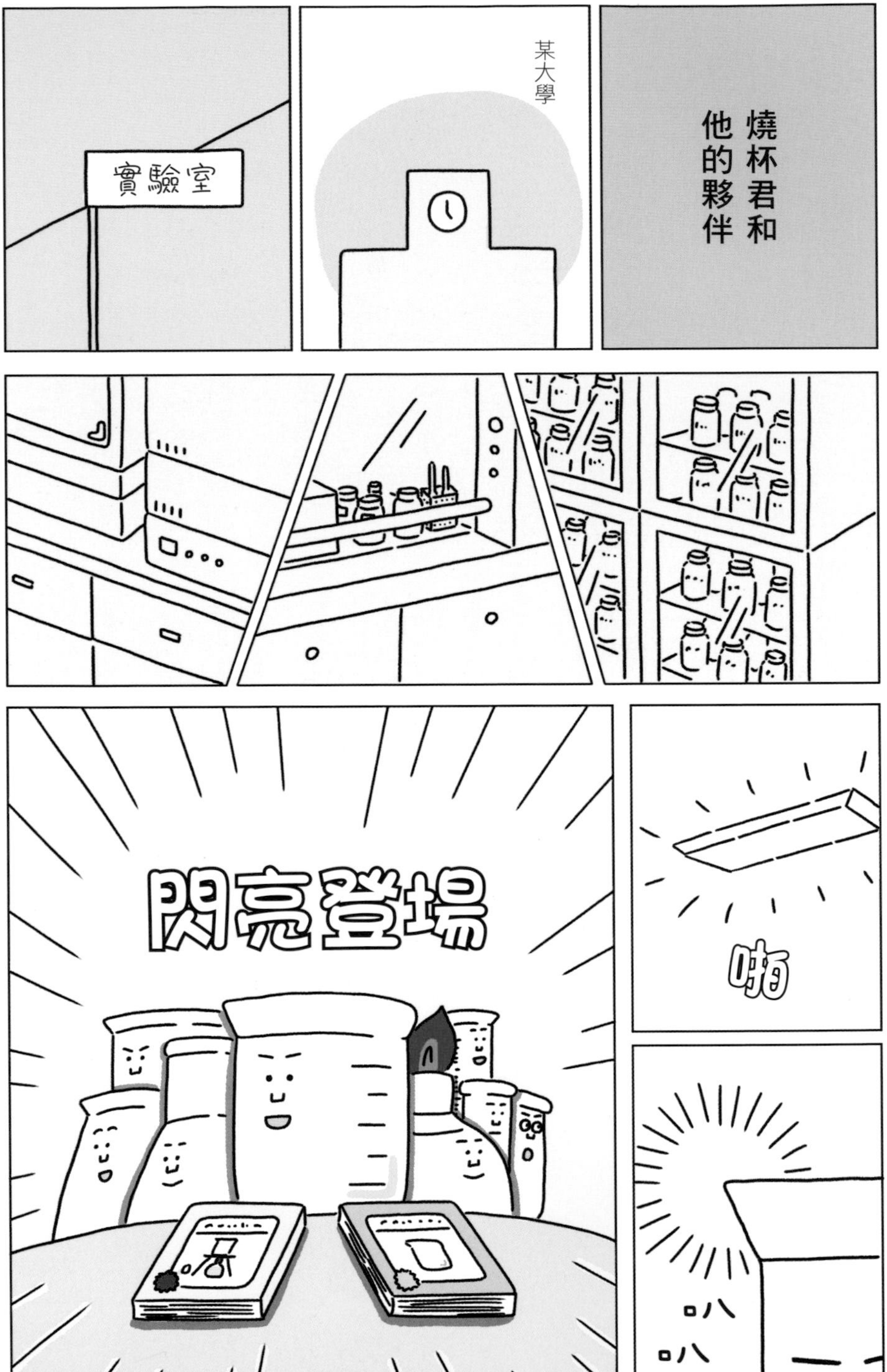

實驗室
某大學
燒杯君和
他的夥伴
閃亮登場
啪
叭
叭

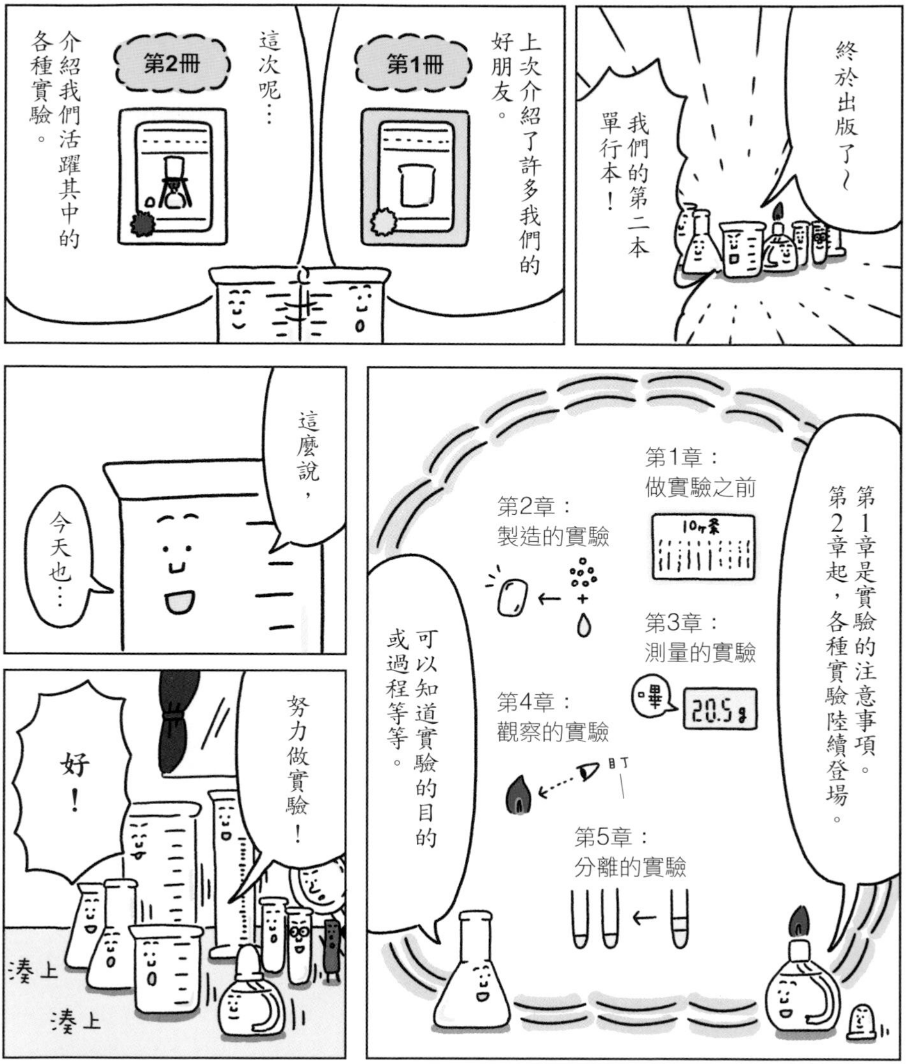
終於出版了～
我們的第二本單行本！
上次介紹了許多我們的好朋友。
第1冊
這次呢…
第2冊
介紹我們活躍其中的各種實驗。
第1章是實驗的注意事項。第2章起，各種實驗陸續登場。
第1章：做實驗之前
第2章：製造的實驗
第3章：測量的實驗
嗶
20.5g
第4章：觀察的實驗
盯
第5章：分離的實驗
可以知道實驗的目的或過程等等。
這麼說，
今天也…
努力做實驗！
好！
湊上
湊上

燒杯君備忘錄

▼第二冊問世。

在字典裡，實驗就是「為了確認事物是否正確而『實際』嘗試去做的事，『實際』去嘗試理論或假設」。「實際」本身非常重要，沒有試著做就沒有開始（可是竟然還有什麼都不做的「思考實驗」存在……）。雖然被人收藏或當做裝飾的燒杯君，讓人看著也開心，但他們存在的意義是要用來做實驗的。若本書收錄的燒杯君，其活躍的姿態讓你有快樂的感覺……那麼，「實際」將做法調查好再進行實驗，會更Happy哦！

目錄

〈文：山村紳一郎〉

本書的閱讀方法

角色圖鑑

實驗圖鑑

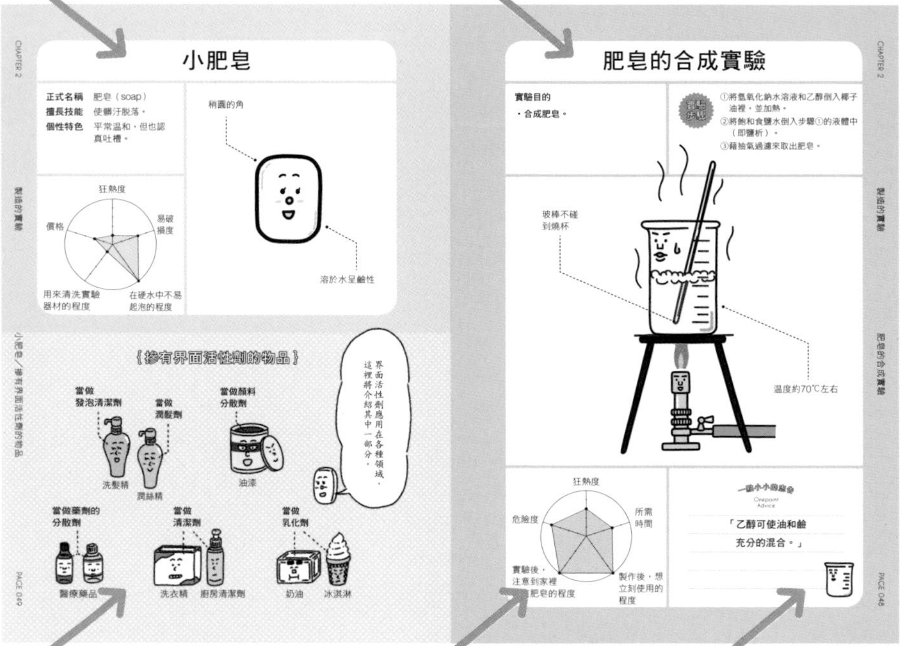

與實驗或角色相關的小知識

來自作者獨斷與偏見的雷達圖

透過五項指標來評論各種項目。

一點小小的忠告

燒杯君對實驗的建議。

本書由燒杯君等實驗器材角色來解說實驗，並且透過漫畫或圖鑑介紹他們的活動。
另外，在插畫中原本應該要存在的鐵架君有時會缺席，因此，這裡對鐵架君的眾粉絲們誠摯的表達歉意。若能事先取得諒解，實為本人之幸。

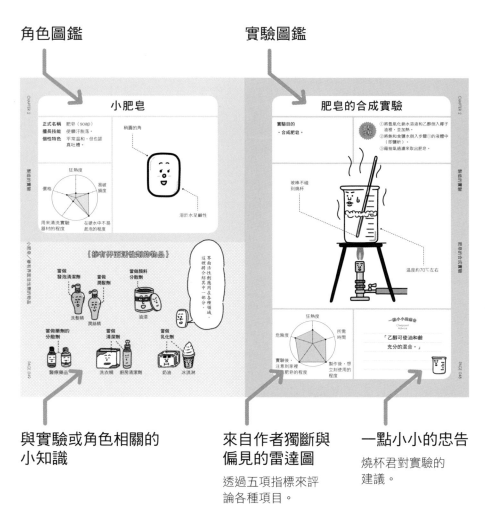

CHAPTER 1

做實驗之前

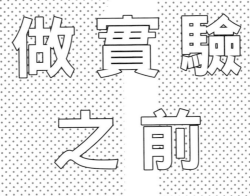

關於實驗的10個心得

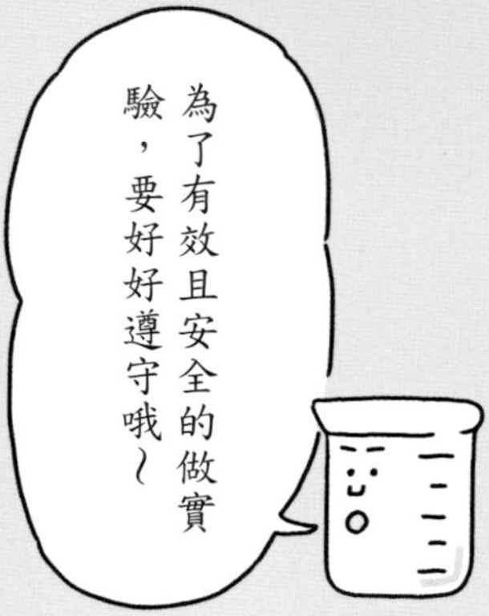
為了有效且安全的做實驗，要好好遵守哦～

1 預習實驗目的與方法，先想像一下實驗流程。

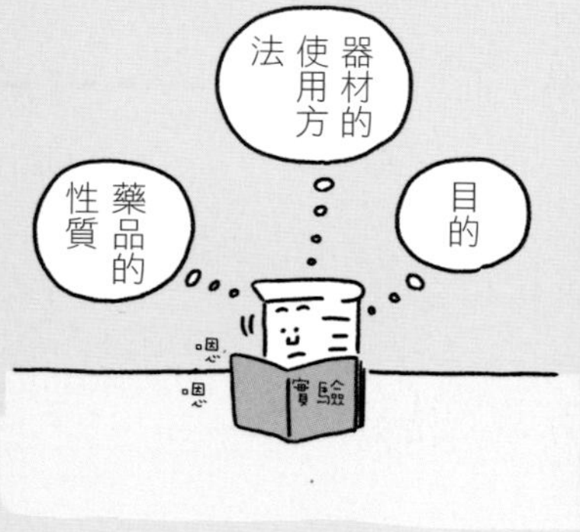
器材的使用方法
藥品的性質
目的
實驗

2 充分準備器材和藥品。

材料
藥品
器材

3 先整理實驗的桌面。

亮晶晶
乾淨最重要！

4 不需要的東西不帶進實驗室。

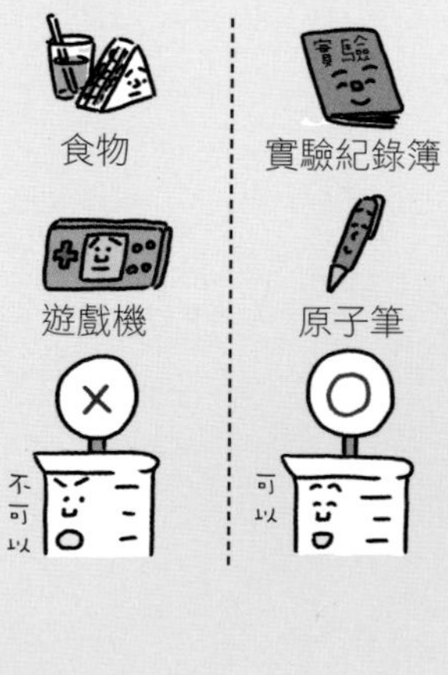
實驗紀錄簿
原子筆
可以
食物
遊戲機
不可以

5 穿適合的服裝進行實驗。

別忘了護目鏡與實驗衣。
詳情參閱下一頁。

6 實驗中不離開。

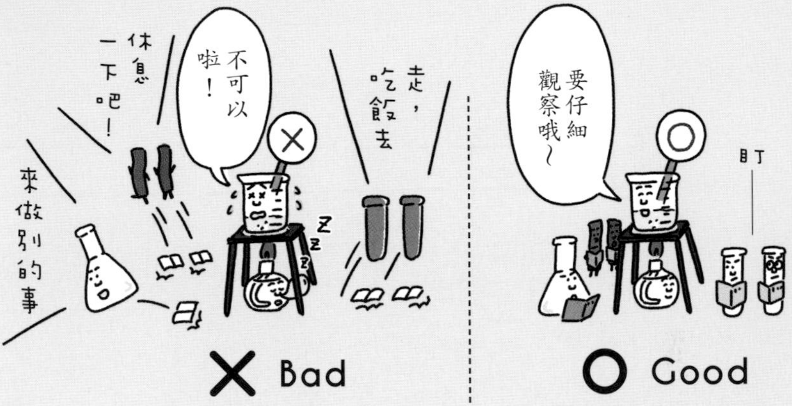

7 詳細記錄實驗中觀察到的事物。

8 熟記緊急應變措施（如遇火災和事故時）。

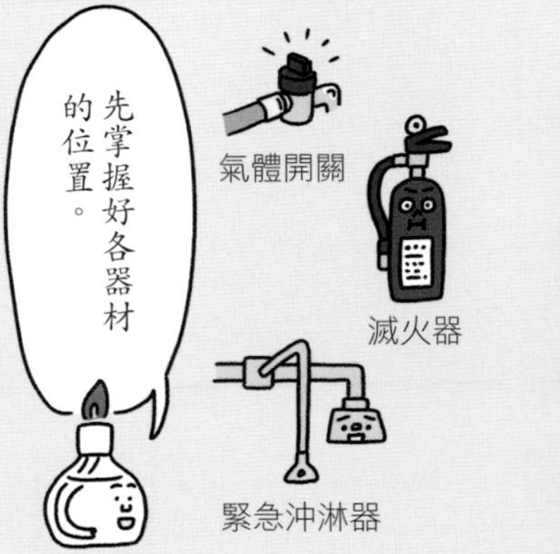

9 確實做好善後整理。

10 當天就彙整實驗結果。

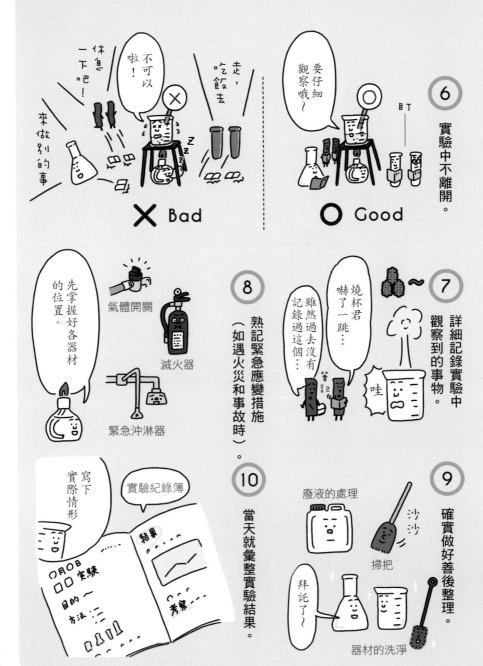

為了安全的做實驗

適合做實驗的服裝

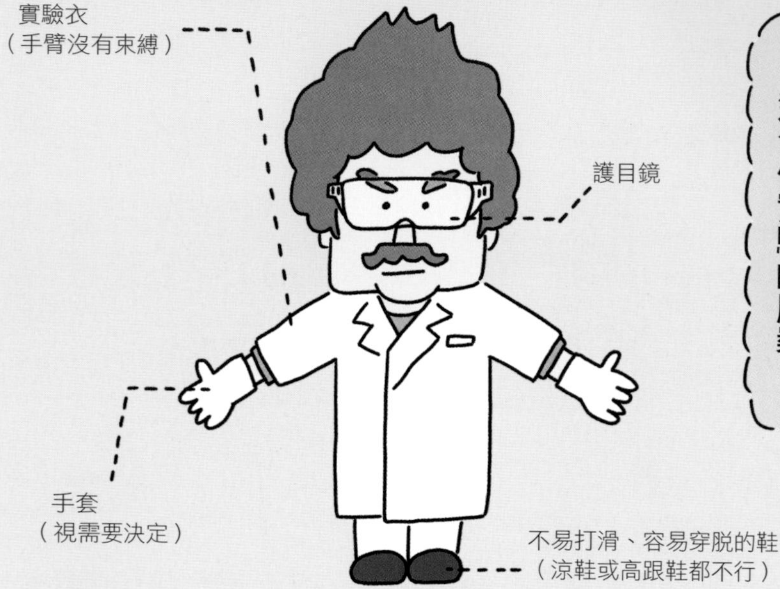
實驗衣
（手臂沒有束縛）
護目鏡
手套
（視需要決定）
不易打滑、容易穿脫的鞋
（涼鞋或高跟鞋都不行）

注意這些物質

易燃液體

恐有爆炸疑慮，所以絕不能接近火源（乙醚和甲醇等）。

酸和鹼

沾到皮膚或眼睛會侵蝕皮膚和黏膜。務必使用護目鏡和手套（鹽酸和氫氧化鈉溶液等）。

充分理解性質後再處理。
試劑瓶君

劇毒物

即使微量也十分危險。氣體（水銀化合物或氨水等）請在排氣裝置（如通風櫥等）中處理。

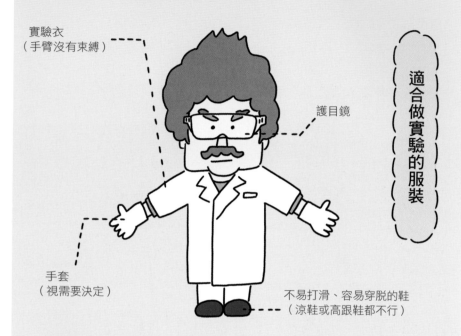

意外發生時的緊急處理

1 割傷時

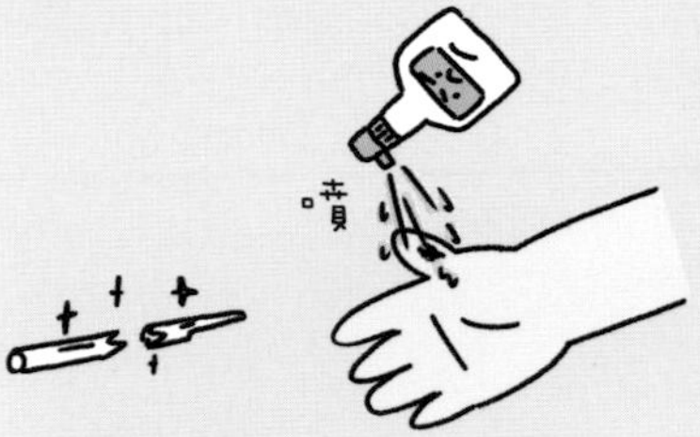
噴

清除玻璃碎片，
並消毒和止血。

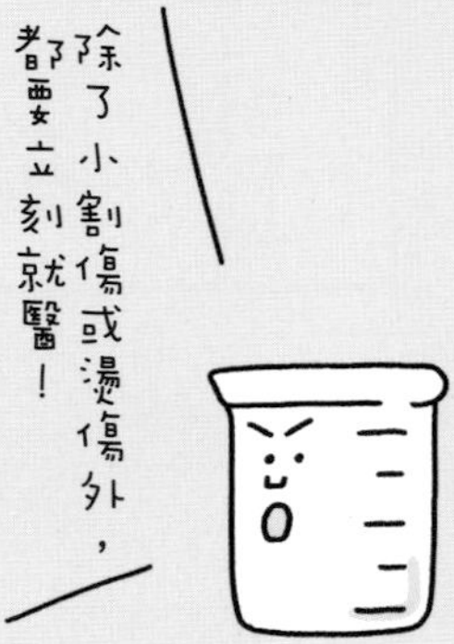
除了小割傷或燙傷外，
都要立刻就醫！

2 燙傷時

嘩——

傷部用水沖洗冷卻10分鐘以上。

3 沾到藥劑時

沾到粉狀藥品時，
先拍除、再沖洗。
嘩啦啦

用大量的水沖洗15分鐘以上。

4 藥劑弄到眼睛時

嘩——
眨啊眨

眼睛張開用水沖洗，並一遍又
一遍的眨眼。

5 誤飲藥劑時

嘔——

先吐出來。如果不幸已吞下的
話，就喝大量的水。

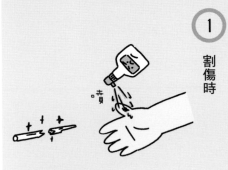

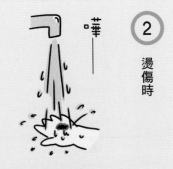

高型燒杯君

緊實的下顎是魅力所在。擅長混合已經加熱的液體。

錐形燒杯君

很認真，不搞笑。是以真實性格，活耀於中和滴定實驗中。

燒杯君

書中主角。擅長容納液體。活躍在各種實驗裡，刻度僅供參考。

量筒君

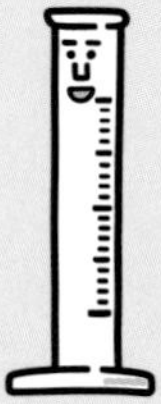

底部不穩。刻度比燒杯君還要精確。

支管燒瓶君

受到信賴就不會拒絕的個性。擅長分離氣體。

錐形瓶君

正式名稱是三角燒瓶。絕對、不可以加熱。

本生燈君

擁有熾熱的心。不易移動是美中不足的地方。

酒精燈君及他的燈蓋君

擅長讓液體慢慢加溫。燈蓋君可以滅火。

試管兄弟

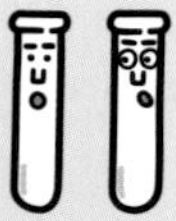

好奇心旺盛的兩兄弟。左為兄、右為弟。擅長使少量試劑發生反應。

電子水平上的水平氣泡君

雖然負責顯示電子水平是否呈水平，但不沉穩，總是動個沒停。

電子天平君

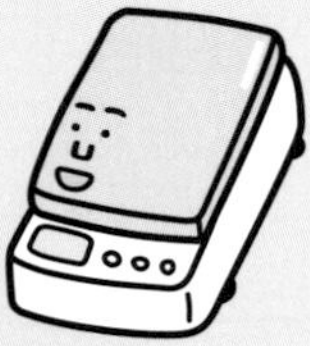

最重要是保持水平，也經常忘了歸零。

上皿天平君和2個秤盤君

藉左右平衡來測量重量，喜歡黑白分明。

漏斗小妹

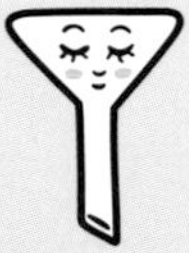

既沉穩又優雅。擅長將液體往一處集中。

安全吸球君

擅長吸取並排出液體。搭檔是移液吸管君。

移液吸管君

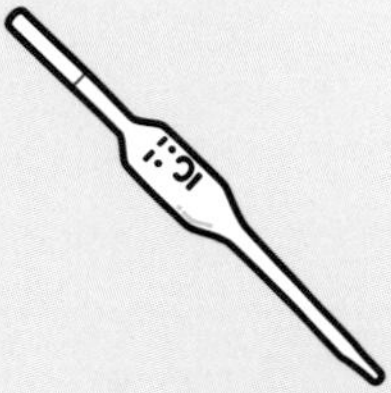

擅長吸取固定容量的液體。不可以加熱乾燥。

直型冷凝管君

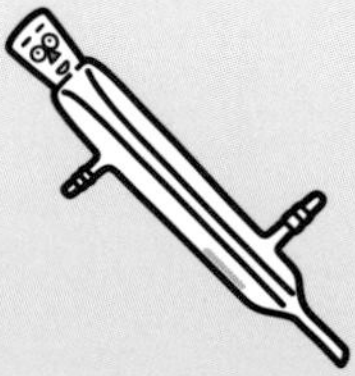

個性正直而單純。擅長冷卻蒸氣以回到液體狀態。水由下往上流。

標本君

是意志堅強的載玻片君和自有定見的蓋玻片君的組合。

布氏漏斗大叔

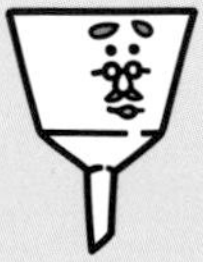

擅長抽氣過濾。雖然戴著眼鏡，有時也會找眼鏡。

燒杯的使用方法

燒杯擅長盛裝液體並使其發生反應。因多為玻璃製，所以注意不要被割傷。

倒入液體的方法

液體沿著抵住燒杯壁的玻棒，順順的流入燒杯裡。

拿取的方法

一手托住底部，一手握持燒杯的側面。

晾乾的方法

倒放，讓它自然乾。
（也可以放進烘箱裡）

清洗的方法

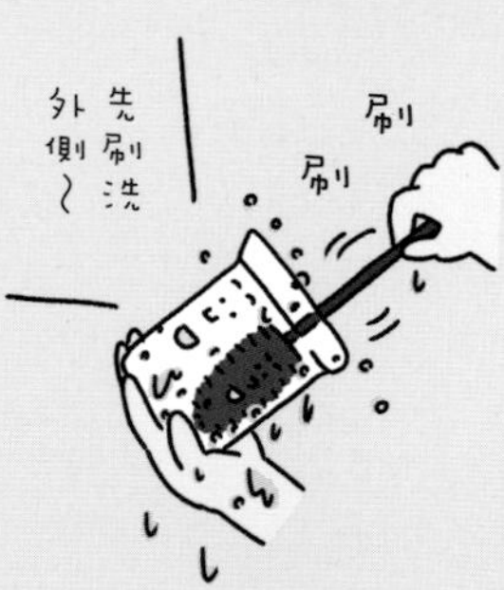

燒瓶刷沾上洗劑，然後刷洗外側和內側。

加熱的方法

務必把加熱用的陶瓷纖維網放在燒杯下再加熱。

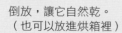

試管的使用方法

加熱的方法

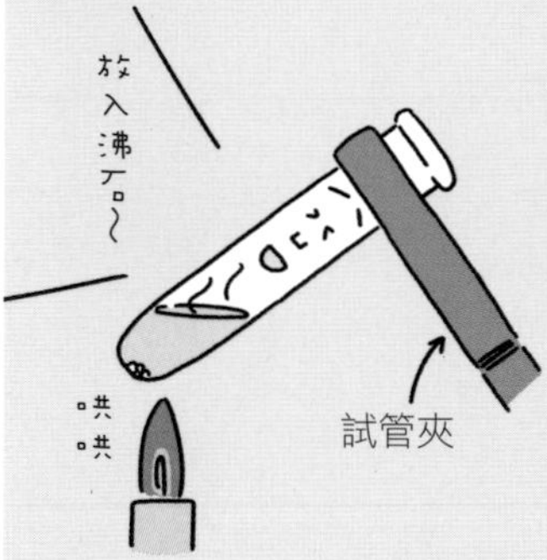

稍微傾斜，輕輕搖晃來加熱。

搖晃的方法

握住上方，左右搖晃底部。

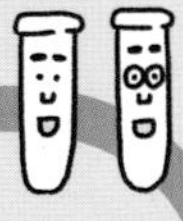

試管擅長使少量的試劑發生反應。注意別讓它滾來滾去。

清洗的方法

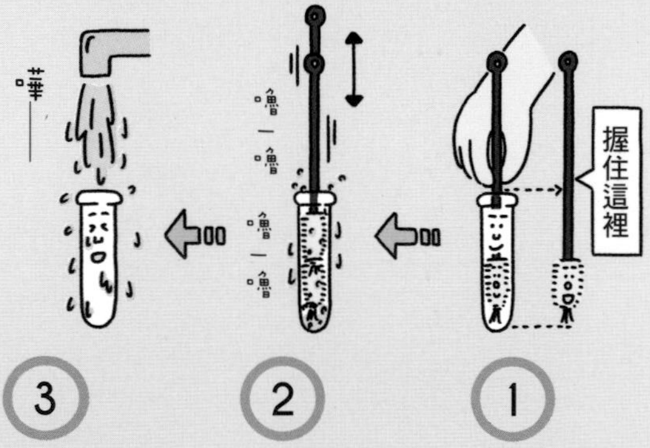

① 刷子所到之處，以不撞到試管底部為準。

② 上下移動刷子。（注意別撞壞試管底部）

③ 打開水龍頭好好沖洗，也可用純水沖。

清洗前後，濕答答的狀態…

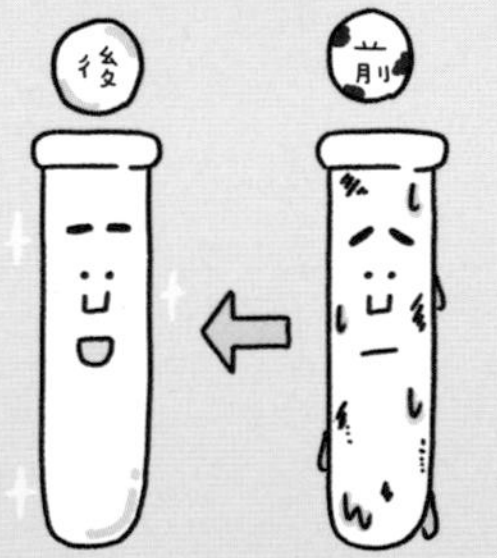

試管表面有很多水滴的樣子。

試管表面形成乾淨的膜。

酒精燈的使用方法

酒精燈擅長緩慢加熱。諸如裝盛的酒精量和拉出燈芯的方法等等，酒精燈需要注意的點很多。

使用前的檢查

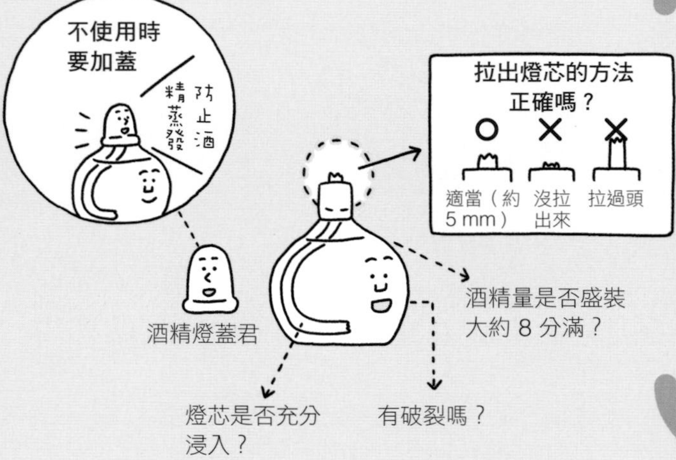

不使用時
要加蓋
防止酒精蒸發
酒精燈蓋君
拉出燈芯的方法
正確嗎？
○
×
×
適當（約 5 mm）
沒拉出來
拉過頭
酒精量是否盛裝
大約 8 分滿？
燈芯是否充分
浸入？
有破裂嗎？

點火方法

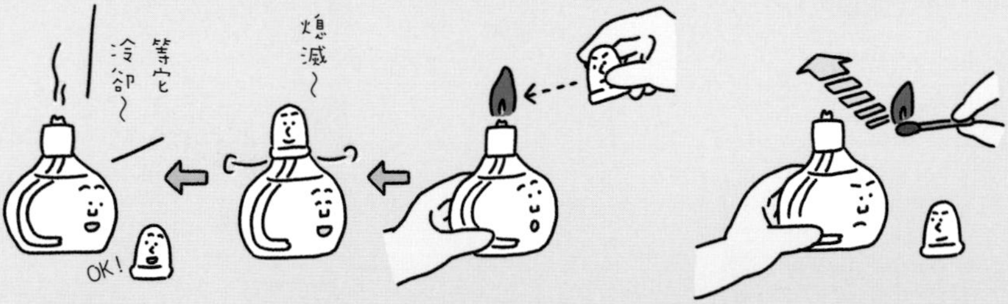

熄滅～
等它冷卻～
OK！

拿起酒精燈，從燈芯一側讓火源靠近。

熄滅方法

1. 從下方端起，從火源一側蓋上酒精燈蓋。
2. 熄滅火源。
3. 確認熄滅後，拿下蓋子。冷卻之後再蓋上。

不能這麼做

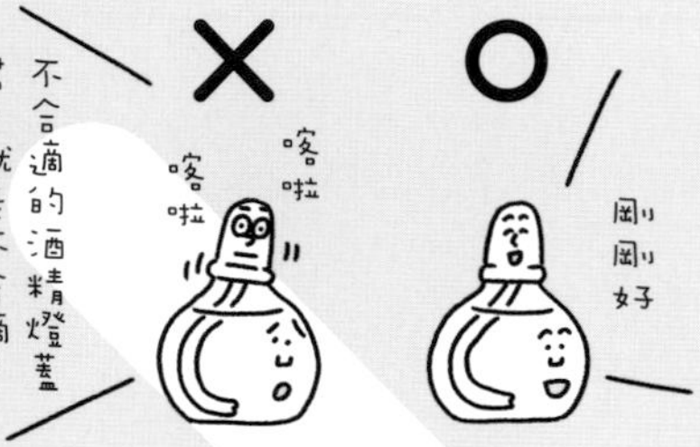
不合適的酒精燈蓋君，就是不合適～
喀啦
喀啦
剛剛好

酒精燈和燈蓋的
組合不可改變。

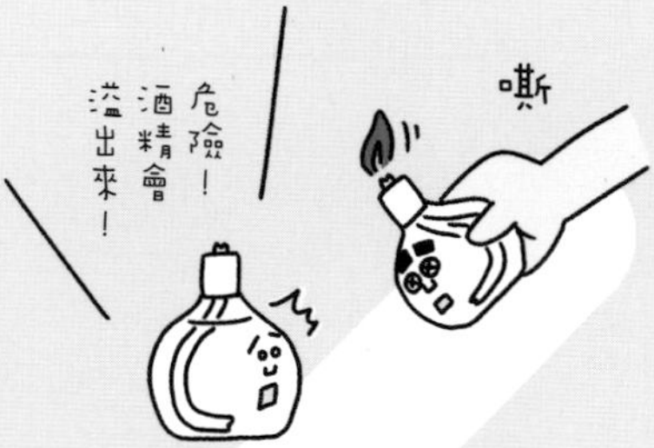
危險！酒精會溢出來！
嘶

不可用拿酒精燈
彼此點火。

不能拿取移動！

點燃的狀態下，
不能拿取並且移動。

搖搖
晃晃
會倒啊～

不能放在
不穩的地方。

不可以把易燃物品
放在酒精燈附近。

吹——

不能用吹的
來滅火。

本生燈的使用方法

使用前的檢查

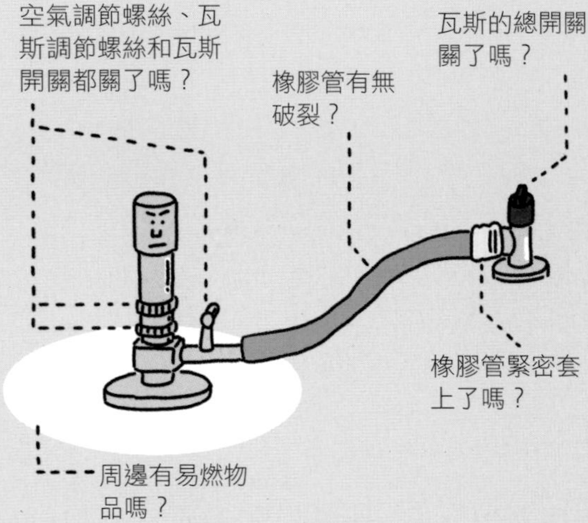
空氣調節螺絲、瓦斯調節螺絲和瓦斯開關都關了嗎？
橡膠管有無破裂？
瓦斯的總開關關了嗎？
橡膠管緊密套上了嗎？
周邊有易燃物品嗎？

本生燈的火焰溫度比酒精燈還高，擅長強力加熱。因為火力強，所以操作時必須特別留意。

點火的方法

轉

①開啟瓦斯開關。

轉

②開啟本生燈的瓦斯開關。

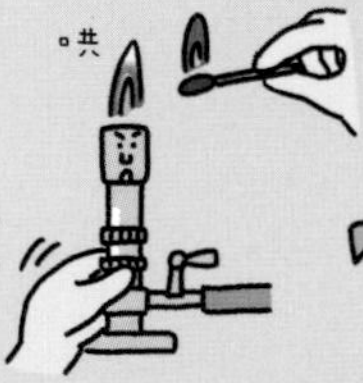
哄
轉動

③將火源從側邊靠近，並左旋開啟瓦斯調節螺絲來點火。

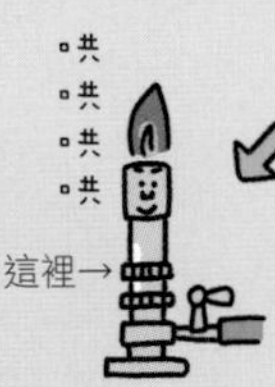
哄
哄
哄
哄
這裡→

④藉空氣調節螺絲來調節火焰。

○ 空氣量適中

✕ 空氣量不足

✕ 空氣量過多

熄滅的方法

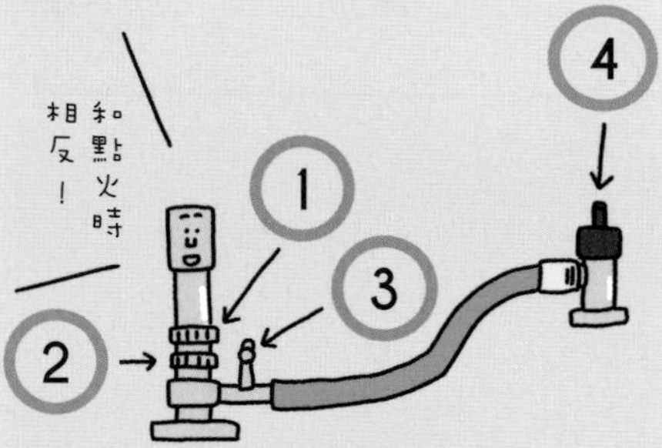
和點火時相反！
1
2
3
4

① 關閉空氣調節螺絲。
② 關閉瓦斯調節螺絲。
③ 關閉本生燈的瓦斯開關。
④ 關閉瓦斯總開關。

加熱的方法

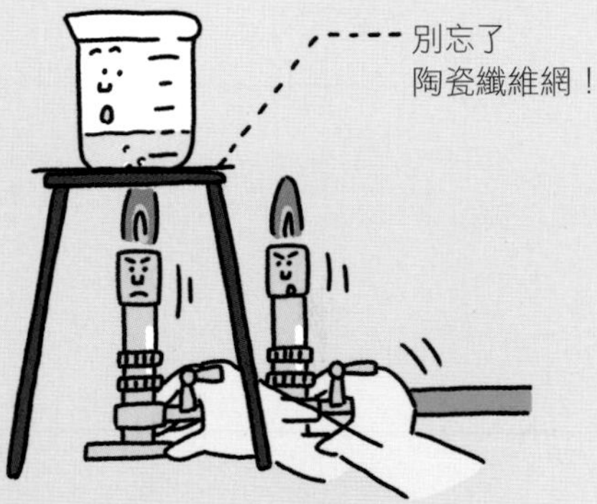
別忘了
陶瓷纖維網！

握住本生燈下方，再慢慢移動，並將本生燈移到想要加熱的物體下方。加熱完畢後，再從側邊慢慢取出。

不能這麼做

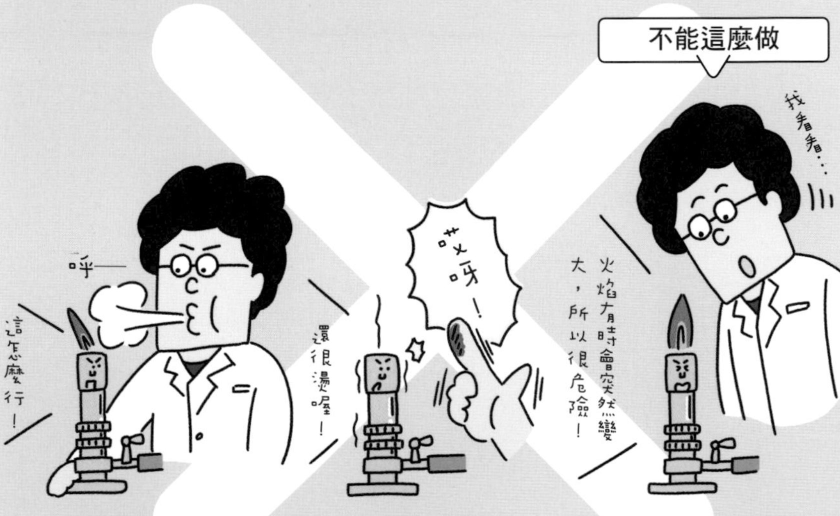
呼—
這怎麼行！
還很燙喔！
哎呀！
火焰有時會突然變大，所以很危險！
我看看…

吹不熄的。

火熄滅後，
也不能馬上觸碰。

不能從火焰
上方直視。

上皿天平的使用方法

上皿天平必須藉由砝碼來量測物體的重量。儀器精密，請小心操作。

使用的方法※

1. 放置欲量測重量的砝碼（先將秤藥紙放在兩側的秤盤上）。
2. 將試劑放在另一側的秤盤上。
3. 當指針停在刻度板的正中央就完成了。

※測量確定的量時

收納的方法

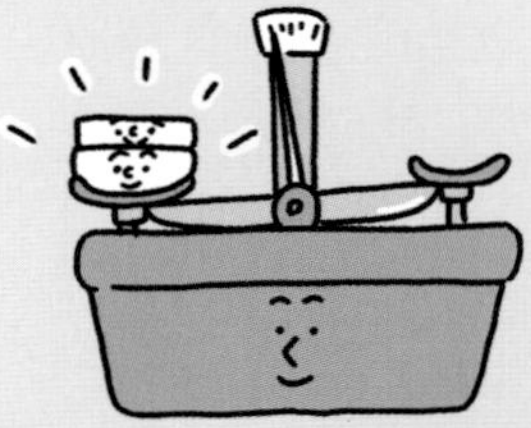

將兩個秤盤疊放在天平的同一側，讓指針靜止不動。

不能這麼做

不要弄濕。

不能在傾斜的地方量測。

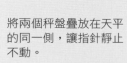

電子天平的使用方法

只要有電源，電子天平就能量測物體的重量。美中不足的是……水平儀裡的氣泡總是動個不停。

使用前的檢查

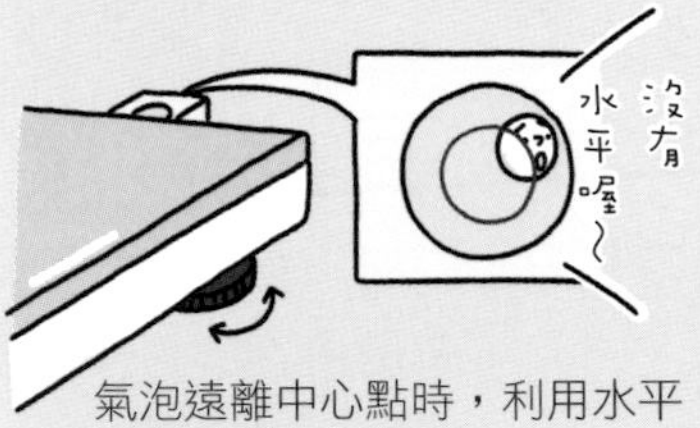
沒有水平喔~

氣泡遠離中心點時，利用水平調整鈕將氣泡調整至中心點。

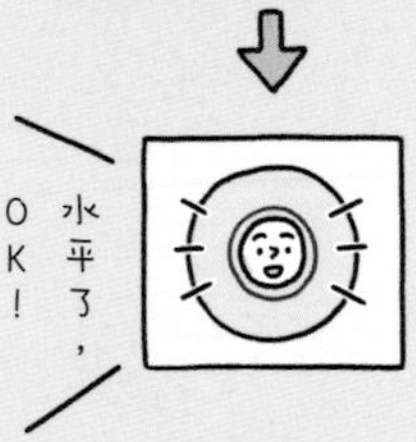
水平了，OK！

各部位的名稱

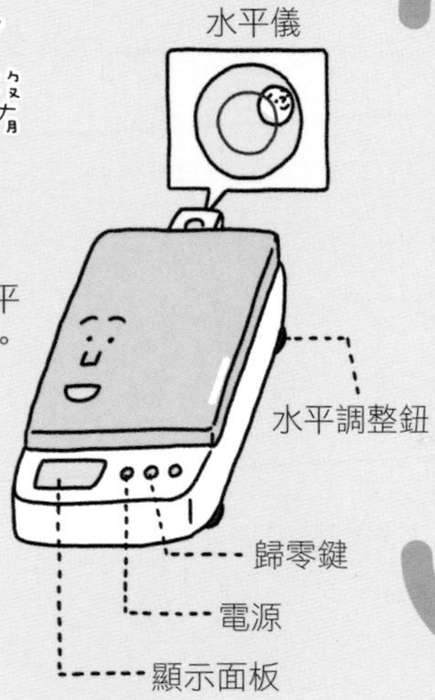
水平儀
水平調整鈕
歸零鍵
電源
顯示面板

使用的方法

0.00g

1 啟動電源並調整歸零。

我的重量不能算進去~
歸零

2 放上燒杯再調整歸零。

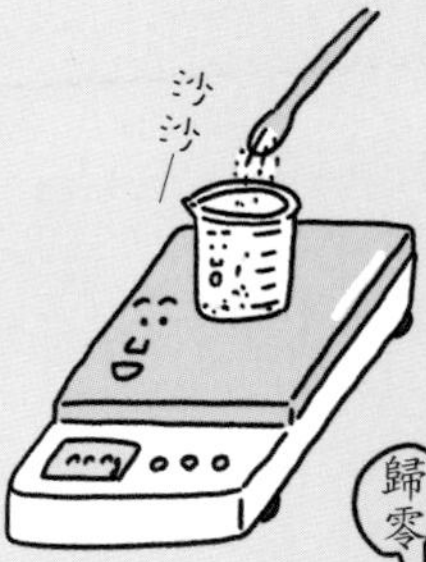
沙沙

3 放入試劑。

量取完畢
嗶

4 到達目標重量後，就量測完畢了。

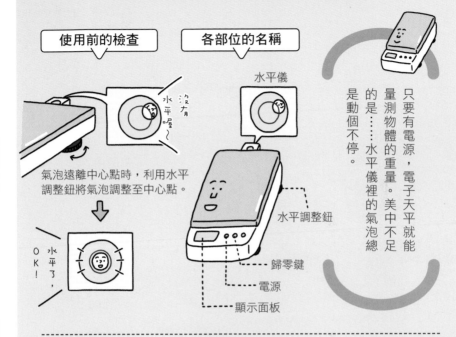

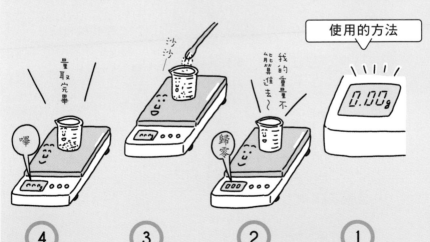

三種吸管的使用方法

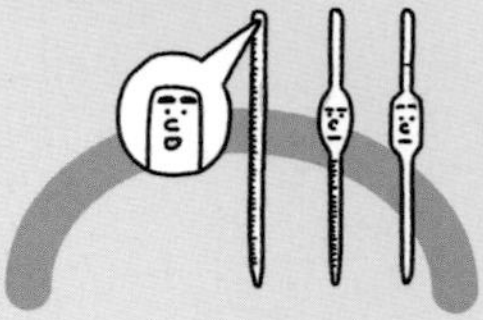

吸管擅長移取液體。這裡介紹三種不同的吸管，以及常搭配一起使用的安全吸球。

各部位的名稱

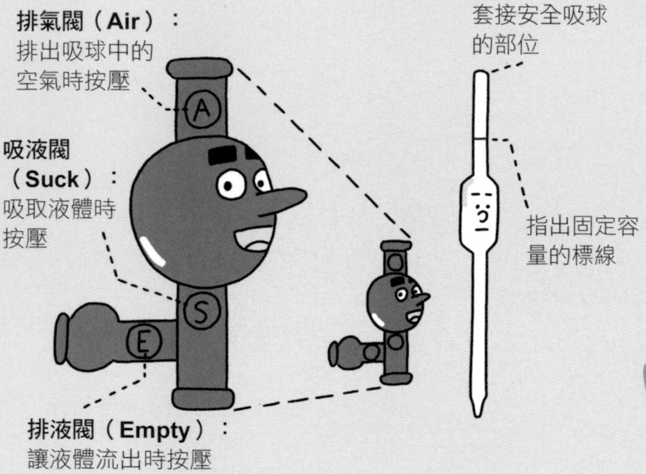

安全吸球
排氣閥（Air）：排出吸球中的空氣時按壓
吸液閥（Suck）：吸取液體時按壓
排液閥（Empty）：讓液體流出時按壓
A
S
E
移液吸管
套接安全吸球的部位
指出固定容量的標線

使用的方法

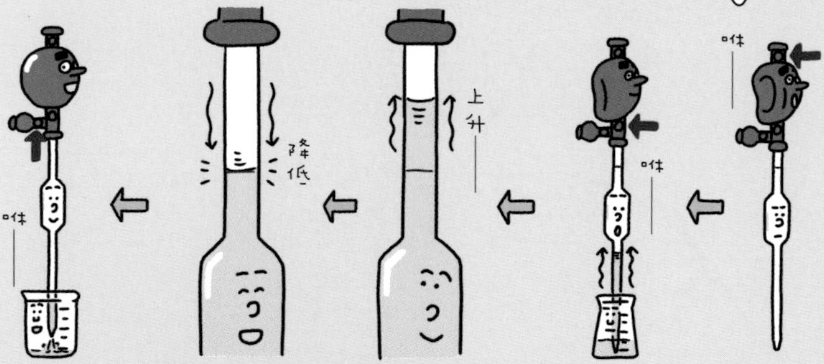

咻
咻
上升
降低
咻

1. 按壓A和球部，以排出吸球中的空氣。
2. 按壓S，以吸取液體。
3. 液面高過標線。
4. 液面下降至符合標線。
5. 按壓E，讓液體流到另一個容器裡。

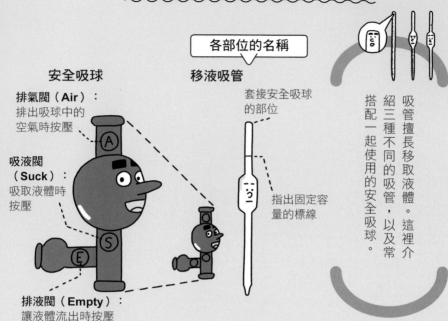

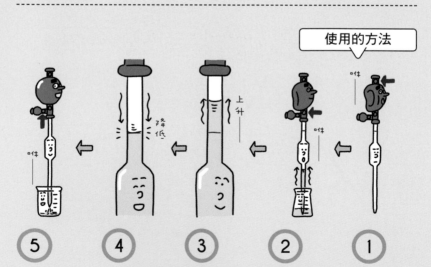

吸量管

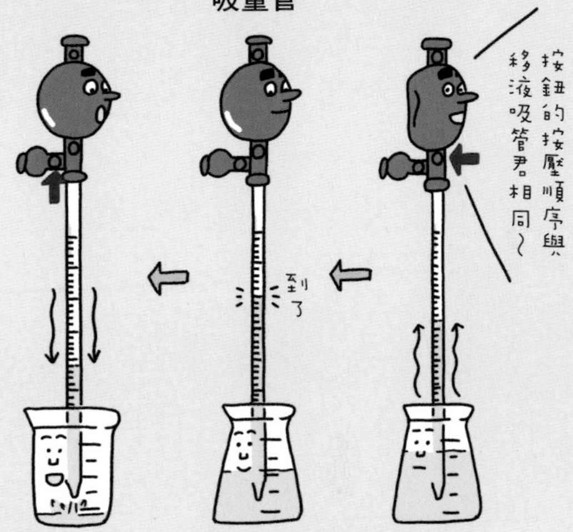

1 將液體吸上來。

2 到達一定的刻度。

3 讓需要的量流出（目視的誤差計算）。

球型刻度滴管

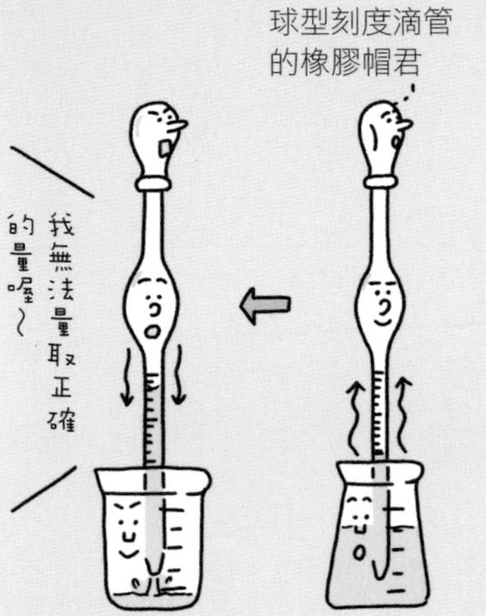

1 將液體吸上來。

2 流入另一個容器裡。

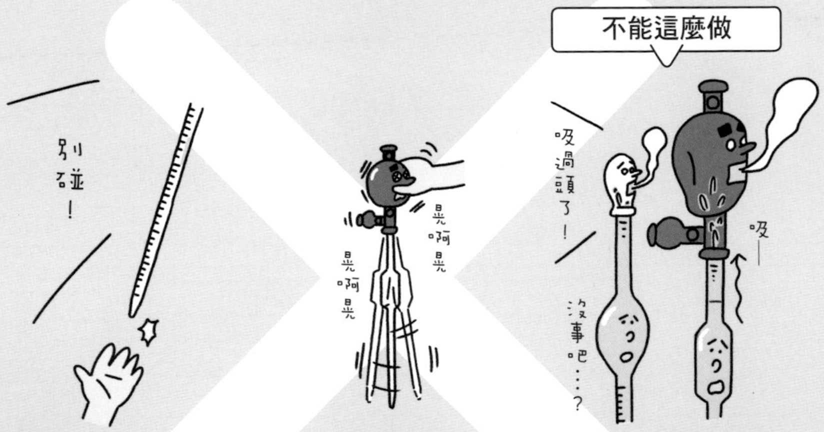

不要碰觸前端，避免汙染。

不要只握持安全吸球。

不要吸入過多的液體，使液體跑進安全吸球裡。

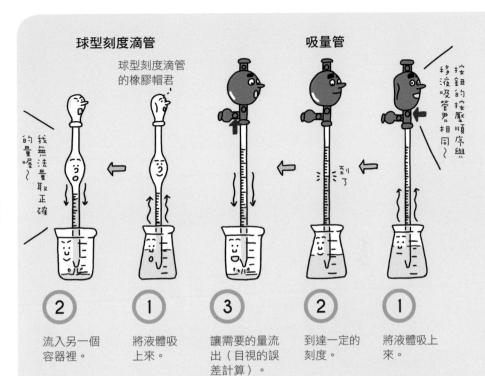

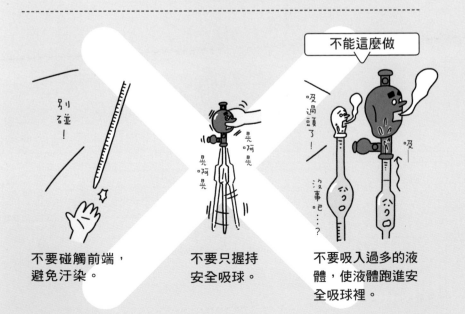

實驗室
不良示範
騷動
騷動
嘰哩呱啦
嘰哩呱啦
咚
好燙
嘩啦
咻
啵
突沸！
啊！說起沸石……
危險
啵
啵
啵
啵
啵
轟轟
糟糕

嗶嗶啵啵
嗶嗶啵啵…
咻

不，不要再發生這樣的事了…知道嗎…
嗶嗶啵啵
嗶嗶啵啵
嗶嗶啵啵
嗯…

燒杯君備忘錄

▼實驗室裡應該經常整理，並用正確的方法進行實驗。

COLUMN

製造的實驗

下一章的主題是「製造的實驗」。事實上，它是化學的基礎。舉例來說，出現在電視劇或動畫裡的化學家，經常一副不知道在燒杯或燒瓶裡混合些什麼藥，以及合成哪些詭異物質的模樣。現代化學並不詭異，但它的確合成了若干物質……即每天都會進行「製造的實驗」。在某些情況下過程很重要，但其他時候獲得特定的物質才是製造實驗的目的。而且雖然都稱做「製造」，可是卻有各式各樣的面貌。

在科學發展的歷史中，曾經有若干重要的合成實驗。盛行於西元前乃至17世紀的煉金術裡，物質的性質與化學現象的探求獲得了發展。例如：美索不達米亞文明初期、西元前3000年左右（蘇美文明時代）製造而成的合金（青銅），就是化學讓世界改變的例子之一。不僅銅錫混合後，因熔點降低讓加工變得容易，銅錫混合後經過固化，甚至變得比銅更堅硬。銅錫混合的材料成了優良的物質，被當做工具或武器材料使用。後來這種材料走向「冶金」的金屬工學或科學的道路上發展。

接著，19世紀急速發展的有機化學，也曾經大幅開拓人類「知」的地平線，例如1953年進行的「米勒-尤里實驗」。該實驗是把氫、水、甲烷、氨等，當時被認為存在於原始地球的大氣或海洋中的物質密封在燒瓶裡，透過打雷進行閃電模擬，是一個思考「在只有無機物的地球上，有機物的生命如何誕生」的實驗。結果確認生物並無法形成（從未成功過），但是確認了蛋白質的基礎，也就是氨基酸的合成。後來各種批判聲四起，米勒-尤里實驗不再被視為生命誕生的主因，但它仍然是「大幅改變人類對生命起源之思考方法」的重大實驗。

如今，我們身邊充斥著以塑膠為首的合成化學物。「製造的實驗」使人類的生活和思考方法發生改變，並且成為實現人類富裕現代生活之科學文明的基本之一。

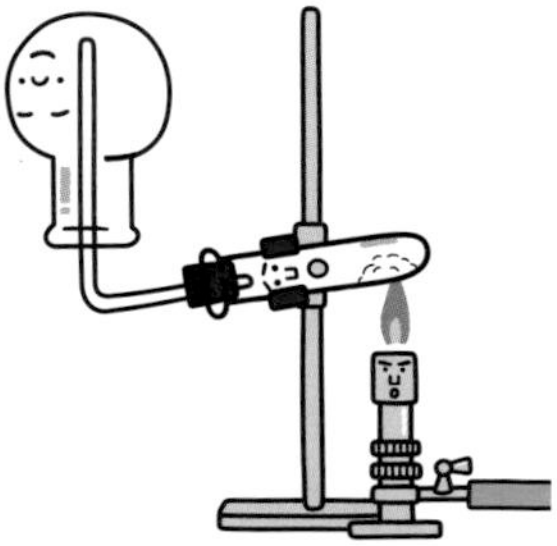

CHAPTER 2

製造的實驗

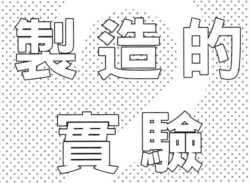

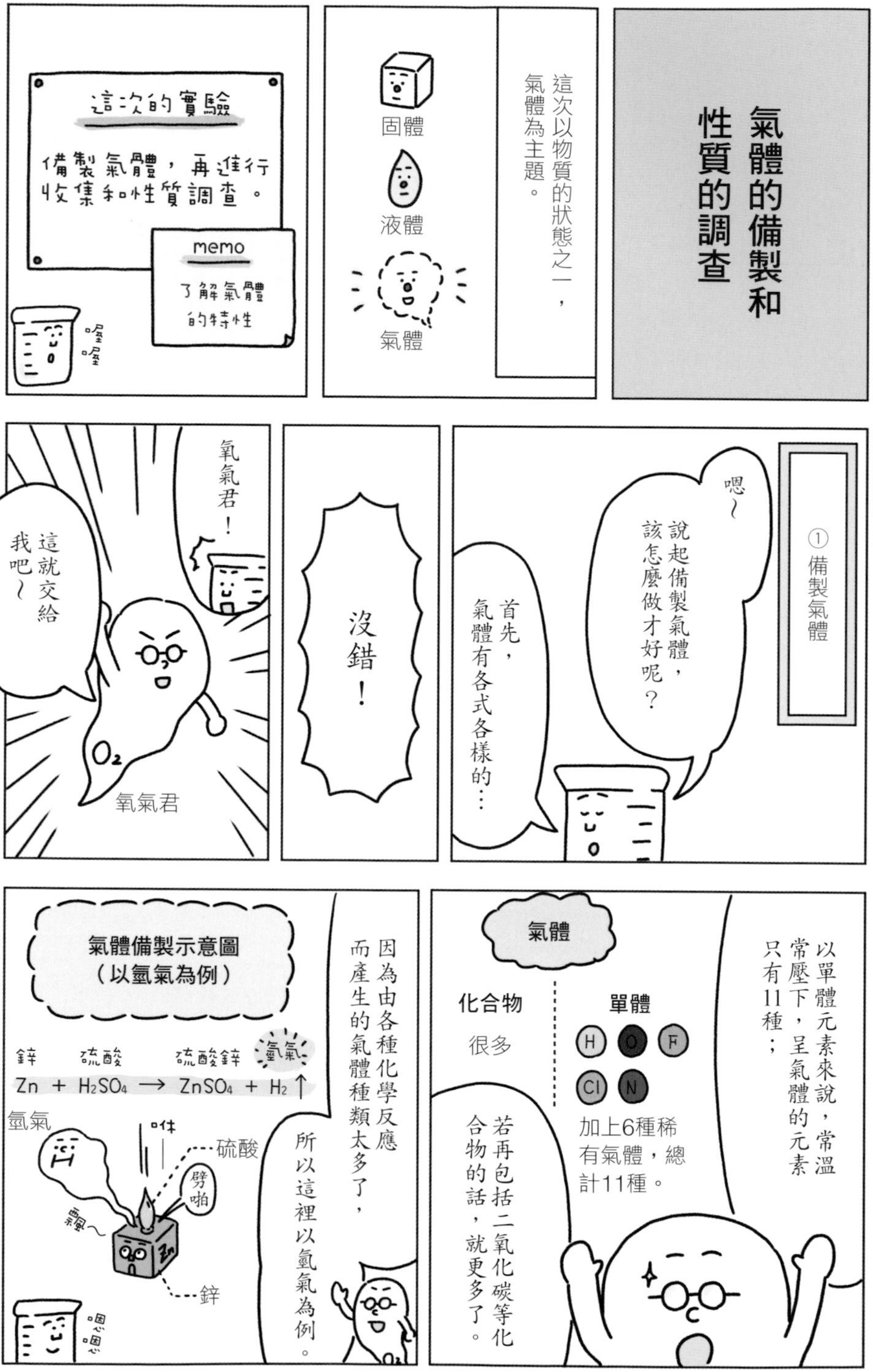
氣體的備製和性質的調查
這次以物質的狀態之一，氣體為主題。
固體
液體
氣體
這次的實驗
備製氣體，再進行收集和性質調查。
memo
了解氣體的特性
喔喔
①備製氣體
嗯～
說起備製氣體，該怎麼做才好呢？
首先，氣體有各式各樣的……
沒錯！
氧氣君！
這就交給我吧～
O_2
氧氣君
以單體元素來說，常溫常壓下，呈氣體的元素只有11種；
氣體
化合物
很多
單體
H O F Cl N
加上6種稀有氣體，總計11種。
若再包括二氧化碳等化合物的話，就更多了。
因為由各種化學反應而產生的氣體種類太多了，
所以這裡以氫氣為例。
氣體備製示意圖（以氫氣為例）
鋅 硫酸 硫酸鋅 氫氣
$Zn + H_2SO_4 \rightarrow ZnSO_4 + H_2\uparrow$
氫氣
咻
硫酸
劈啪
飄～
Zn
鋅
嗯嗯

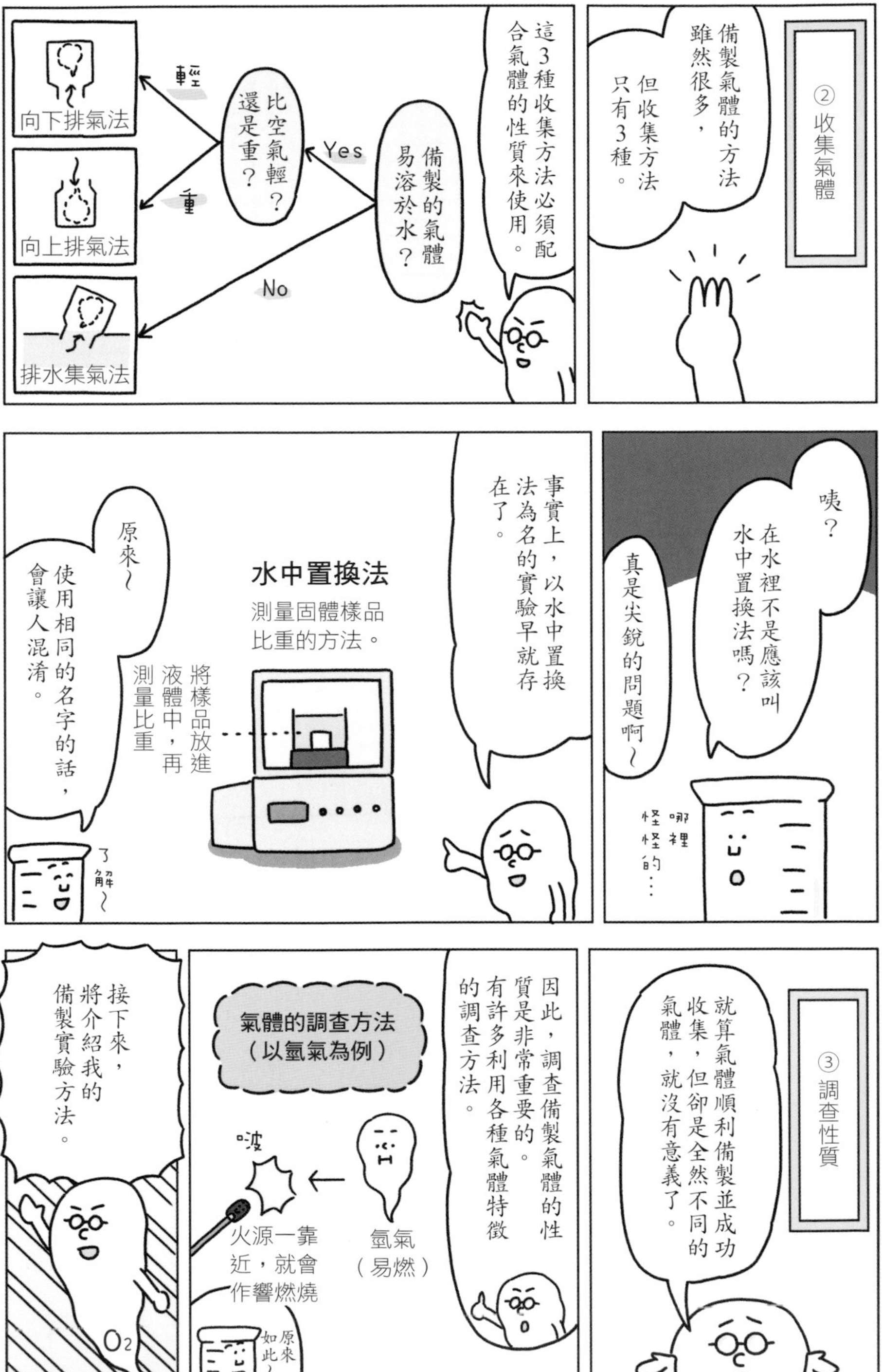
②收集氣體
備製氣體的方法雖然很多，
但收集方法只有3種。
這3種收集方法必須配合氣體的性質來使用。
備製的氣體易溶於水？
Yes
比空氣輕還是重？
輕
向下排氣法
重
向上排氣法
No
排水集氣法
咦？
在水裡不是應該叫水中置換法嗎？
真是尖銳的問題啊～
哪裡怪怪的…
事實上，以水中置換法為名的實驗早就存在了。
水中置換法
測量固體樣品比重的方法。
將樣品放進液體中，再測量比重
原來～
使用相同的名字的話，會讓人混淆。
了解～
③調查性質
就算氣體順利備製並成功收集，但卻是全然不同的氣體，就沒有意義了。
因此，調查備製氣體的性質是非常重要的。有許多利用各種氣體特徵的調查方法。
氣體的調查方法（以氫氣為例）
啵
氫氣（易燃）
火源一靠近，就會作響燃燒
原來如此～
接下來，將介紹我的備製實驗方法。
O2

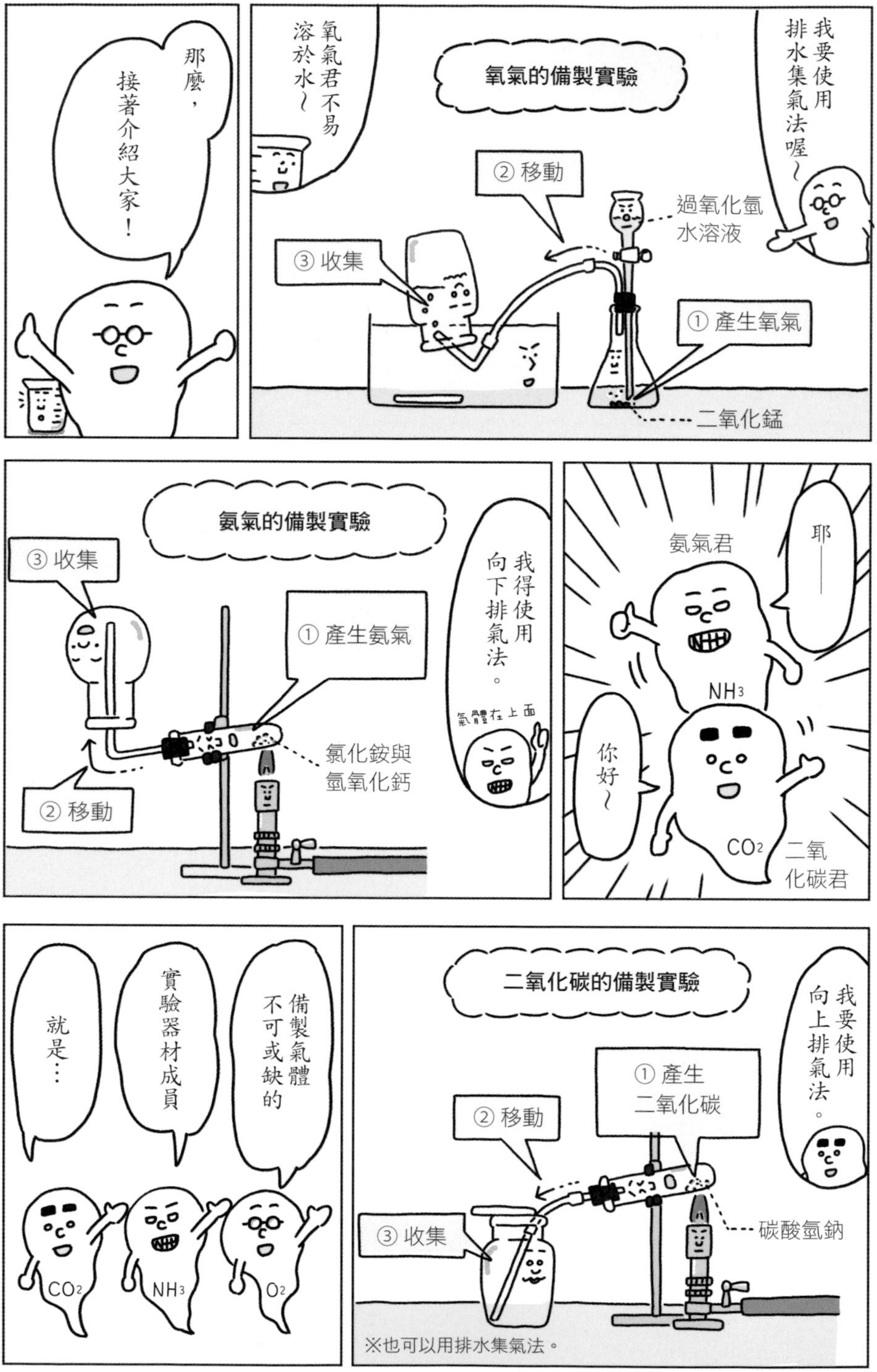

那麼，接著介紹大家！
氧氣的備製實驗
我要使用排水集氣法喔～
氧氣君不易溶於水～
② 移動
過氧化氫水溶液
③ 收集
① 產生氧氣
二氧化錳
氨氣的備製實驗
③ 收集
① 產生氨氣
氯化銨與氫氧化鈣
② 移動
我得使用向下排氣法。
氣體在上面
耶——
氨氣君
NH3
你好～
CO2
二氧化碳君
備製氣體不可或缺的
實驗器材成員
就是…
CO2
NH3
O2
二氧化碳的備製實驗
我要使用向上排氣法。
① 產生二氧化碳
② 移動
③ 收集
碳酸氫鈉
※也可以用排水集氣法。

基普發生器君的構造
詳情請看 p.39
這位！
我只用在備製氣體！
基普發生器君
液體試劑
活塞
固體試劑
如上圖位置加入固體試劑和液體試劑。
開
打開活塞，液面會下降而和固體試劑發生反應，產生氣體。
關
關閉活塞，液面會因產生的氣體壓力而上升，反應即停止。
就這樣，如你所見，有很多種氣體的備製實驗。
NH3
CO2
O2
好，我也來試看看！
燃起鬥志啦！
?
呼～呼～
好像吐出了二氧化碳？
…

基普發生器帥帥的。3顆麻糬疊在一起的模樣也好看，讓人對它「只備製氣體！」的純粹感到著迷。某大學化學實驗期末考曾經出過「概略描述基普發生器，並寫下使用方法」這樣的考題。但，某個總愛翹課的學生竟然處於「那是什麼？」的狀態，不得已只好亂掰，開始寫起車票的自動販賣機（還不是自動驗票的時代，笑），最後竟然還能通過考試……。有幽默感的老師真不錯～（但，那不是我！）。

燒杯君備忘錄

▼**收集氣體的方法有3種。**

氧氣的備製實驗

實驗目的

- **製造氧氣，並收集和檢驗。**

實驗步驟

①將二氧化錳放進錐形瓶中。
②設定裝置並注入過氧化氫水溶液。
③收集所產生的氧氣並且加蓋。
④將蠟燭放入收集瓶中，確認會使燃燒變得更加旺盛（確認氧氣）。

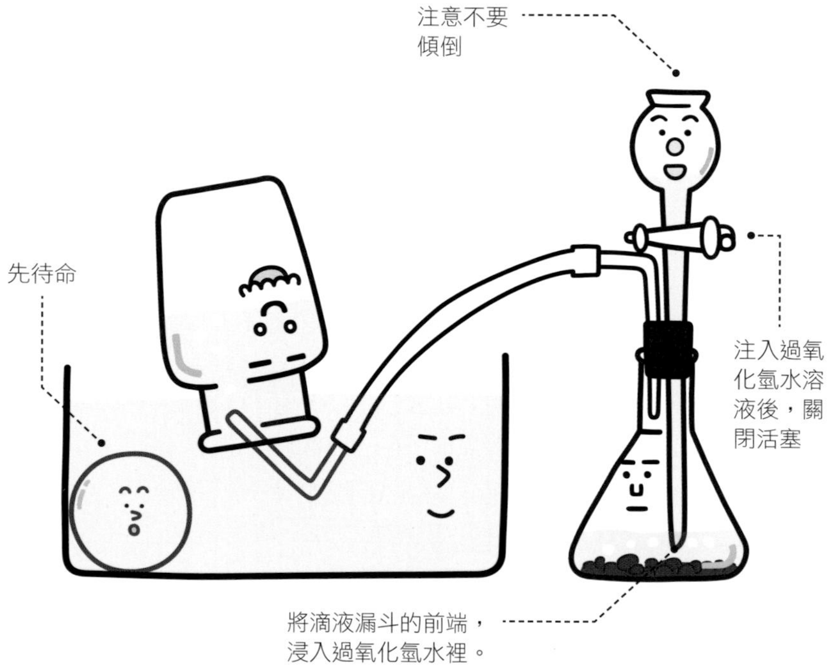
注意不要
傾倒
先待命
注入過氧化氫水溶液後，關閉活塞
將滴液漏斗的前端，
浸入過氧化氫水裡。

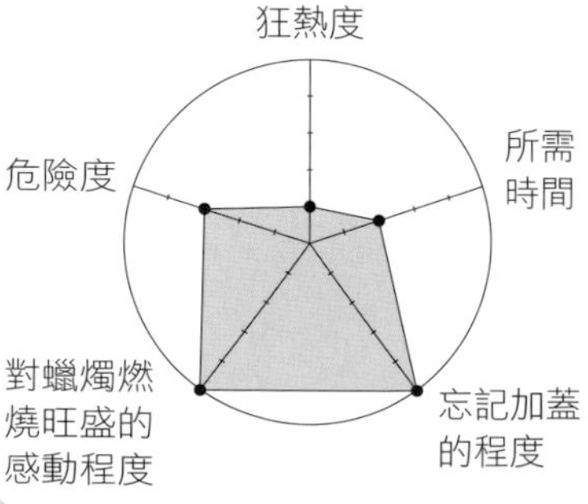
狂熱度
所需
時間
忘記加蓋
的程度
對蠟燭燃
燒旺盛的
感動程度
危險度

一點小小的忠告
Onepoint
Advice

「一開始排出的氣體，
由於是原本就在錐形瓶裡的
空氣，所以不收集。」

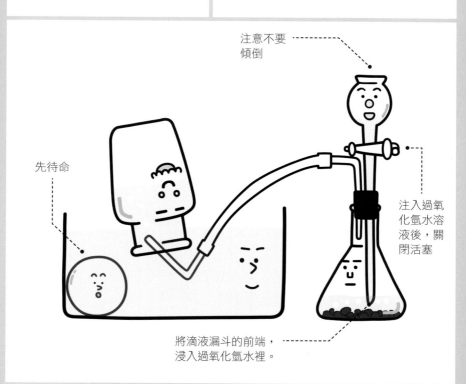

氨氣的備製實驗

實驗目的

・**製造氨氣，並收集和檢驗。**

實驗步驟

①將試劑放進試管中。

②設定裝置並開始加熱。

③圓底燒瓶一發出刺鼻味，就拿用水沾濕的石蕊試紙碰觸燒瓶口，並且確認變成藍色（調查氨氣）。

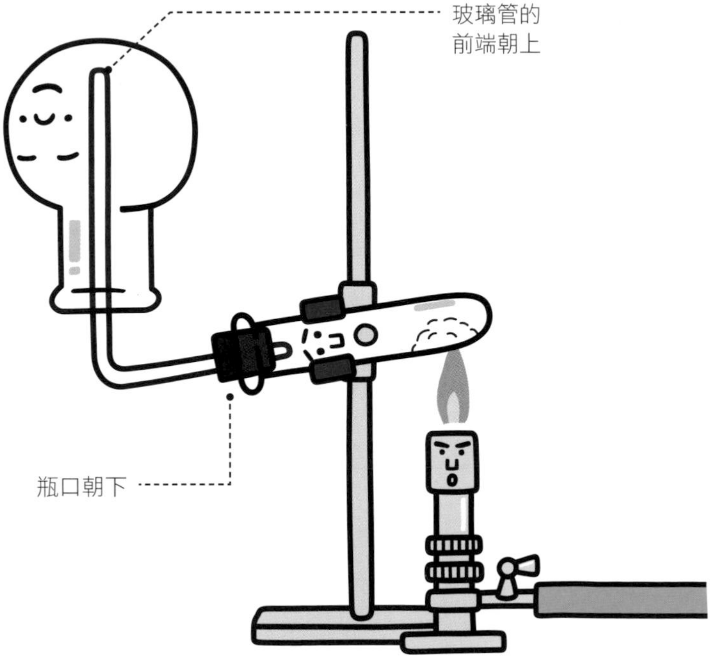
玻璃管的
前端朝上
瓶口朝下

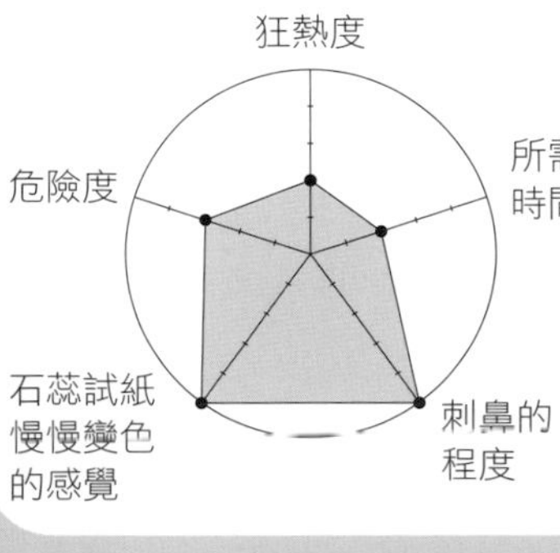
狂熱度
所需
時間
刺鼻的
程度
石蕊試紙
慢慢變色
的感覺
危險度

一點小小的忠告

Onepoint Advice

「嗅聞氨氣的刺鼻味時，

要用手搧著來聞。」

二氧化碳的備製實驗

實驗目的

- **製造二氧化碳，並收集和檢驗。**

實驗步驟

①將碳酸氫鈉放進試管中。
②設定裝置並開始加熱。
③反應數分鐘後，在集氣瓶上加蓋。
④將石灰水注入集氣瓶並充分搖晃，確認呈現白色混濁（確認二氧化碳）。

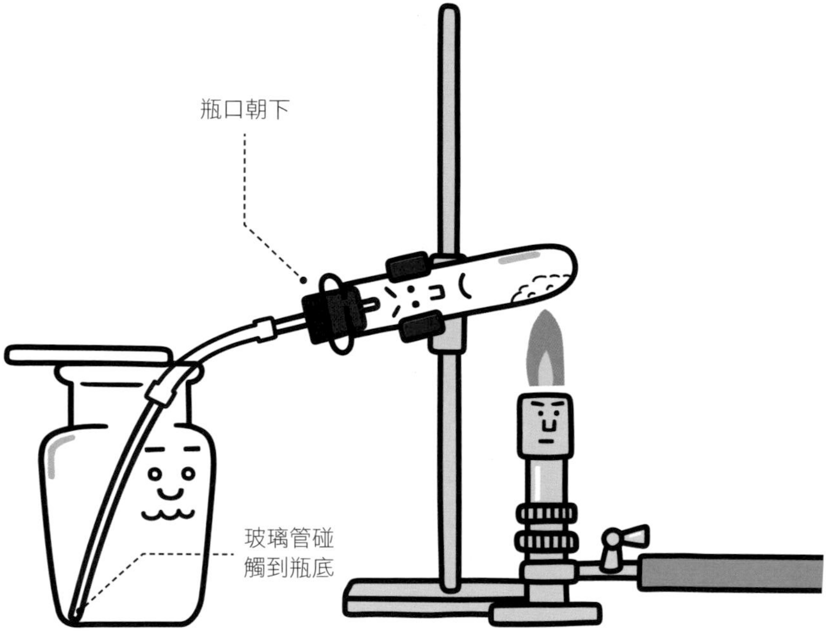
瓶口朝下
玻璃管碰觸到瓶底

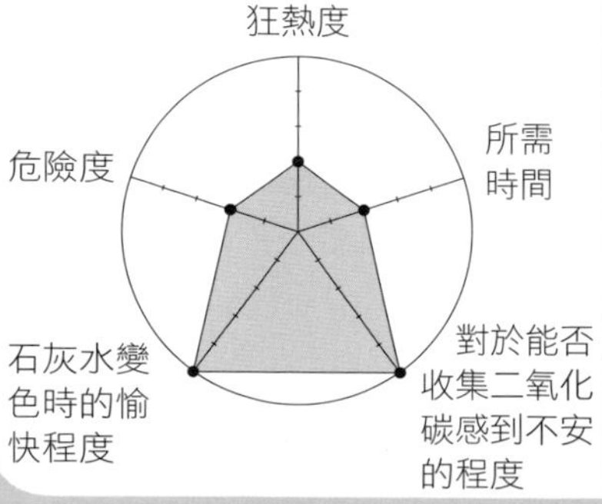
狂熱度
所需時間
對於能否收集二氧化碳感到不安的程度
石灰水變色時的愉快程度
危險度

一點小小的忠告
Onepoint Advice

「要收集高純度的二氧化碳，

必須使用排水集氣法。」

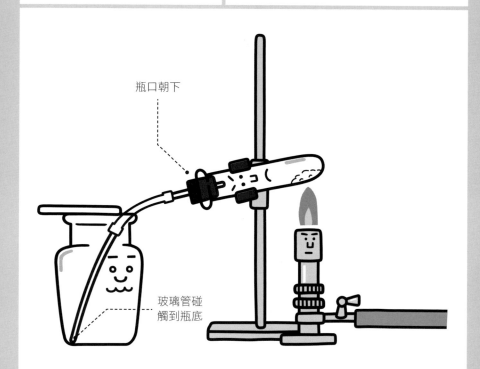

{身邊的氣體}

有很多哦～

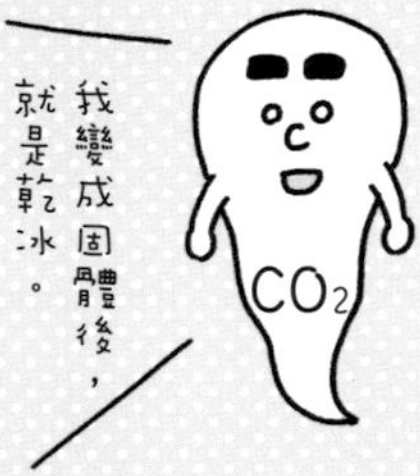
我變成固體後，
就是乾冰。
CO_2

二氧化碳

- 無色無味
- 比空氣重
- 與石灰水反應後，呈白色混濁狀
- 溶於碳酸水

沙沙

液態氮也應用在
磁浮列車上喔！
N_2

氮氣

- 無色無味
- 比空氣輕
- 應用在噴霧製品的噴劑上

嘶—

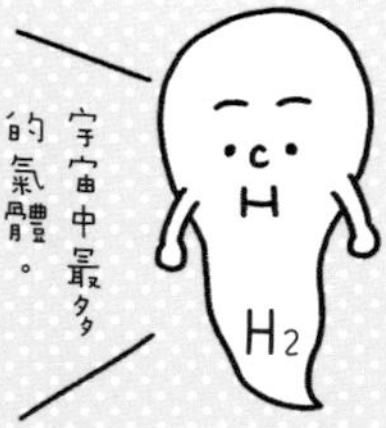
宇宙中最多
的氣體。
H
H_2

氫氣

- 無色無味
- 比空氣輕很多
- 具爆發性
- 用做火箭的燃料

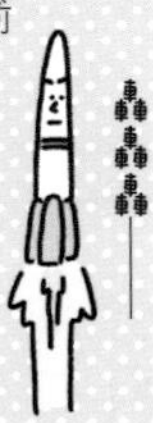

呼吸必需
的呦！
O_2

氧氣

- 無色無味
- 比空氣重
- 液體具有磁性
- 應用在氣體熔接上

滋滋滋

危險喔～
H_2S

硫化氫

- 無色
- 腐蛋味
- 比空氣重
- 火山氣體裡有

繼氫氣君之後，
宇宙中第二多的
氣體⋯
He
He

氦氣

- 無色無味
- 比空氣輕
- 元素中沸點最低的（-269 ℃）
- 也常做為氣球的填充氣體使用

基普發生器君

液體注入口
可拆卸
固體試劑的
反應位置
玻璃製

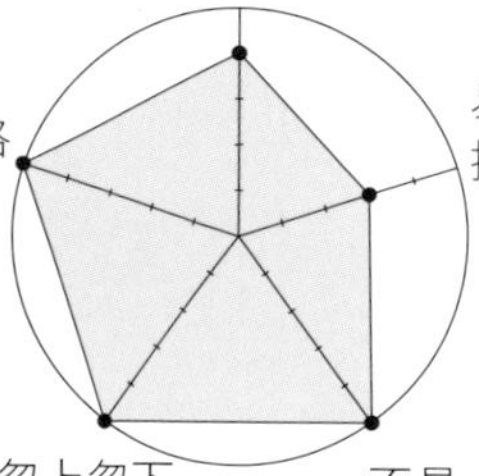

狂熱度
易破
損度
不易
清洗度
液體忽上忽下
的有趣程度。
價格

正式名稱 基普發生器（Kipp's apparatus）

擅長技能 使固體試劑和液體試劑一起反應。

個性特色 或許最近不活躍，所以變得謙虛。

實驗夥伴

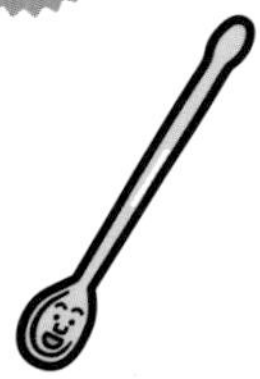

藥匙君

燒杯君

矽膠塞
小妹

通風櫥先生

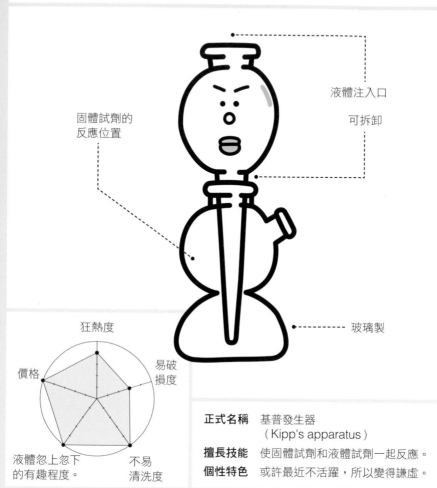

{基普發生器的使用方法}

詳細

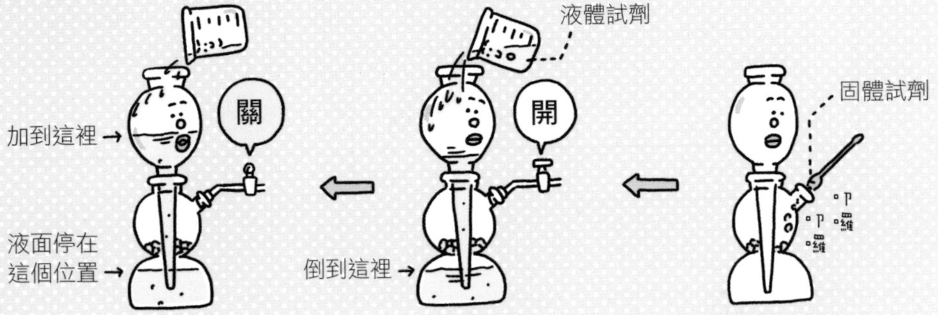
液體試劑
固體試劑
開
開
關
加到這裡→
液面停在這個位置→
倒到這裡→

①放入固體試劑。

②倒入液體試劑。

③關閉活塞後，繼續加入液體試劑。

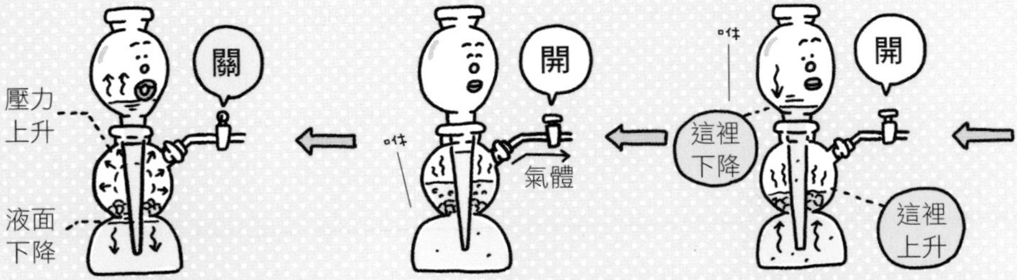
開
這裡下降
這裡上升
咻
開
氣體
關
壓力上升
液面下降

④一旦打開活塞，上面的液體便往下降，並和中間的固體試劑產生反應。

⑤產生氣體。

⑥一旦關閉活塞，中間的壓力會因為產生的氣體而上升，並排擠液體。

關
完全停止
開

⑦液面一旦下降，反應就停止了。

⑧打開活塞，液體便又下降（回到步驟④）。

可以製造所需的氣體量。
原來如此～

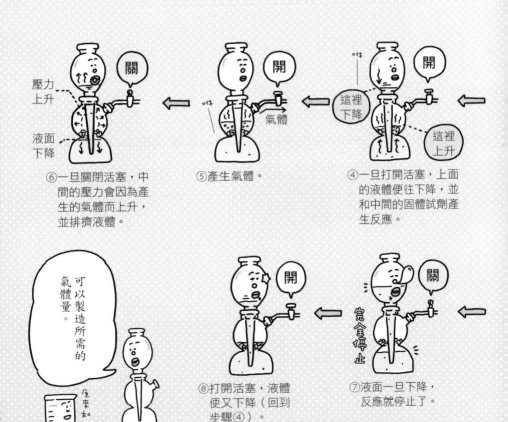

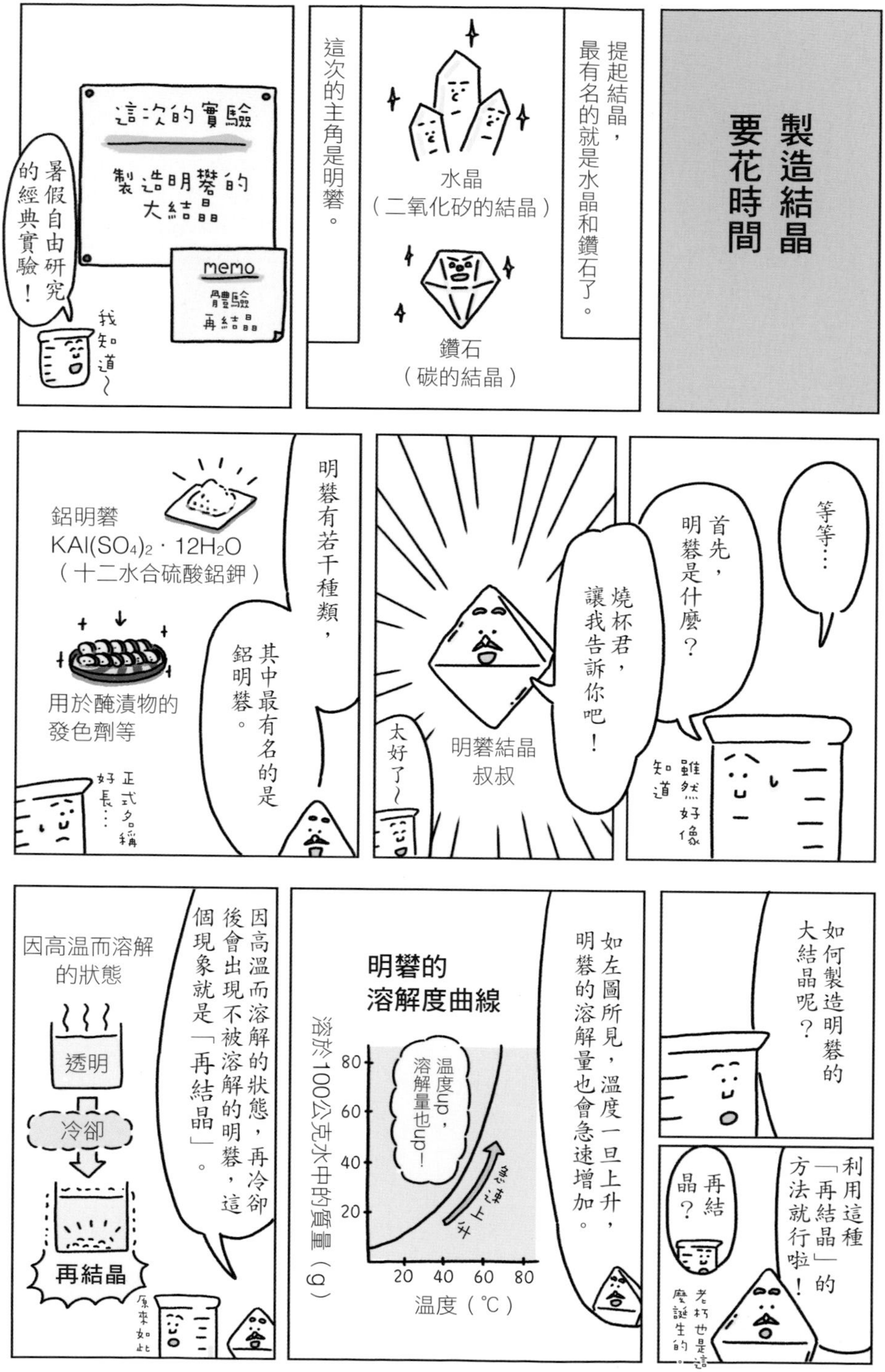
製造結晶要花時間
提起結晶，最有名的就是水晶和鑽石了。
水晶（二氧化矽的結晶）
鑽石（碳的結晶）
這次的主角是明礬。
這次的實驗
製造明礬的大結晶
memo
體驗
再結晶
暑假自由研究的經典實驗！
我知道~
等等…
首先，明礬是什麼？
雖然好像知道
燒杯君，讓我告訴你吧！
明礬結晶叔叔
太好了~
明礬有若干種類，
其中最有名的是鋁明礬。
鋁明礬
KAl(SO4)2・12H2O
（十二水合硫酸鋁鉀）
用於醃漬物的發色劑等
正式名稱好長…
如何製造明礬的大結晶呢？
利用「再結晶」的方法就行啦！
再結晶？
老杯也是這麼誕生的。
如左圖所見，溫度一旦上升，明礬的溶解量也會急速增加。
明礬的溶解度曲線
溶於100公克水中的質量（g）
80
60
40
20
溫度up，溶解量也up！
急速上升
20 40 60 80
溫度（℃）
因高溫而溶解的狀態，再冷卻後會出現不被溶解的明礬，這個現象就是「再結晶」。
因高溫而溶解的狀態
透明
冷卻
再結晶
原來如此

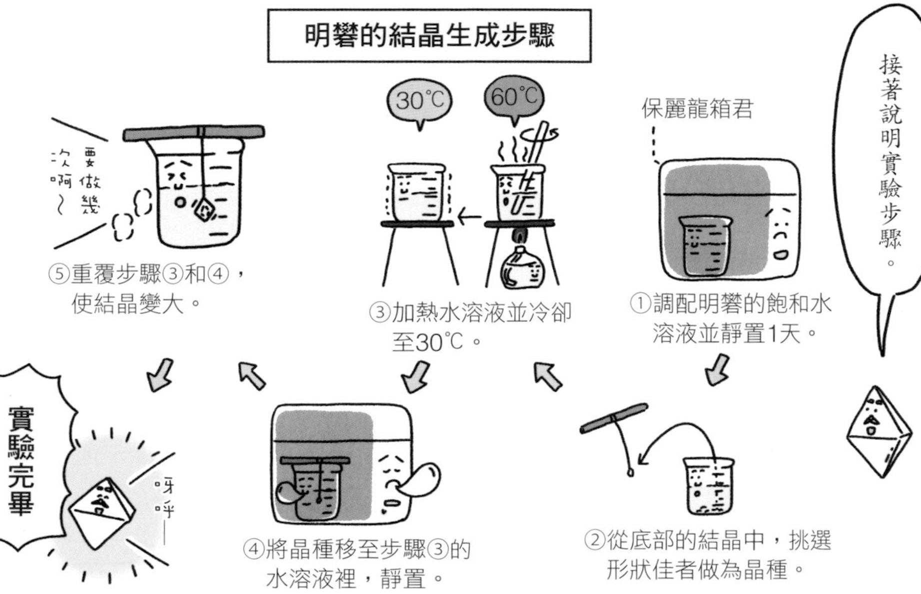
明礬的結晶生成步驟
接著說明實驗步驟。
保麗龍箱君
①調配明礬的飽和水溶液並靜置1天。
②從底部的結晶中，挑選形狀佳者做為晶種。
60℃
30℃
③加熱水溶液並冷卻至30℃。
④將晶種移至步驟③的水溶液裡，靜置。
要做幾次啊～
⑤重覆步驟③和④，使結晶變大。
呀呼——
實驗完畢

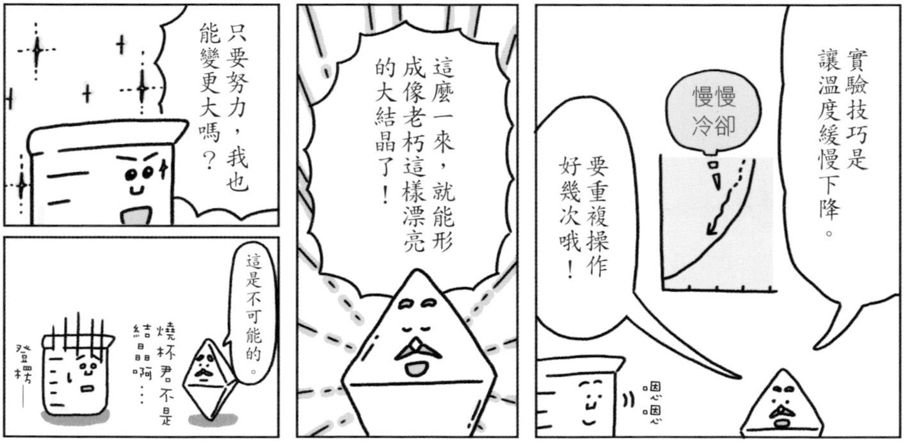
實驗技巧是讓溫度緩慢下降。
慢慢冷卻
要重複操作好幾次哦！
嗯嗯
這麼一來，就能形成像老朽這樣漂亮的大結晶了！
只要努力，我也能變更大嗎？
這是不可能的。
燒杯君不是結晶啊……
登楞——

結晶叔叔也說過「讓溫度緩慢下降」是製造明礬結晶的重點。如果是在實驗室，就有可以調節溫度的裝置（也就是恆溫器），但一般家庭通常沒有這種裝置，此時可以想到的是日本住宅取暖用的暖爐。做出晶種後，將燒杯放進保麗龍箱並收納在暖爐裡。把溫度調節到最高，再經過數小時讓溫度慢慢下降，於是巨大的結晶就會在數天內形成。只是如果踢翻暖爐裡的保麗龍箱，這個冬天就慘了（真實故事，笑）。

燒杯君備忘錄

▼明礬的正式名稱很長。

明礬的結晶生成實驗

實驗目的

- **製造明礬的結晶。**

實驗步驟

①配置明礬的飽和水溶液並放進保麗龍箱，靜置1天。
②從底部的結晶中，挑選形狀佳者做為晶種。
③加熱水溶液至完全溶解後，冷卻至30℃。
④將晶種移至步驟③的水溶液中，並且在步驟①的條件下靜置。
⑤靜置後，重覆步驟③④，使結晶變大。

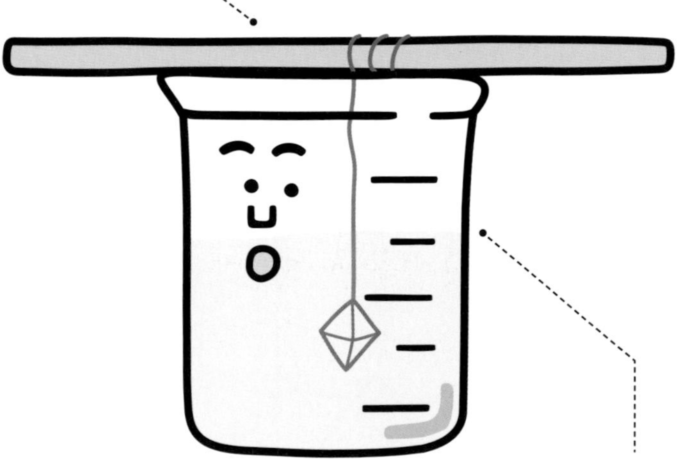
避免灰塵掉入
液面要高於結晶

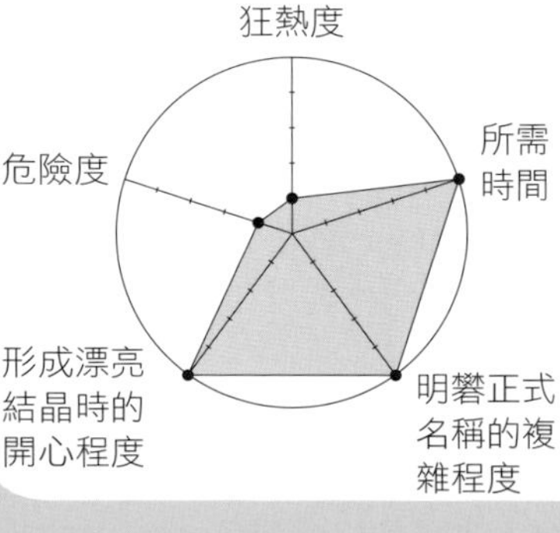
狂熱度
所需時間
明礬正式名稱的複雜程度
形成漂亮結晶時的開心程度
危險度

一點小小的忠告
Onepoint Advice

「灰塵一旦掉入就變成核，
所形成的結晶就會變得不工整。
所以別忘了
在保麗龍箱上加蓋。」

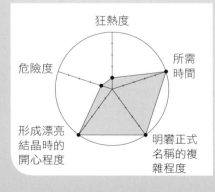

明礬結晶叔叔

正式名稱 十二水合硫酸鋁鉀的結晶（crystal of aluminum potassium sulfate dodecahydrate）

擅長技能 傳達結晶之美。

個性特色 雖然尖尖的，心卻溫柔的叔叔。

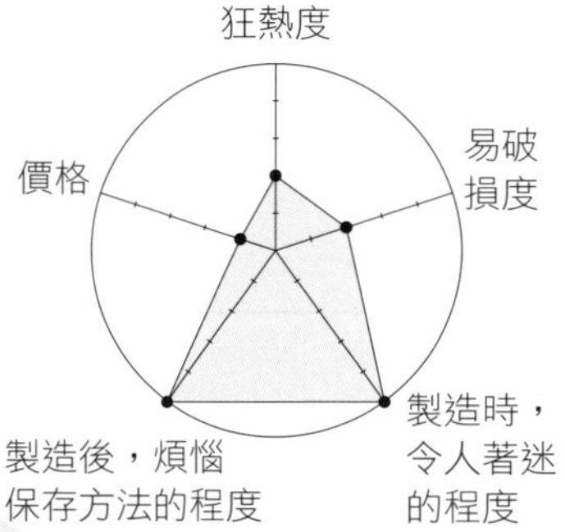
狂熱度
易破損度
製造時，令人著迷的程度
製造後，煩惱保存方法的程度
價格

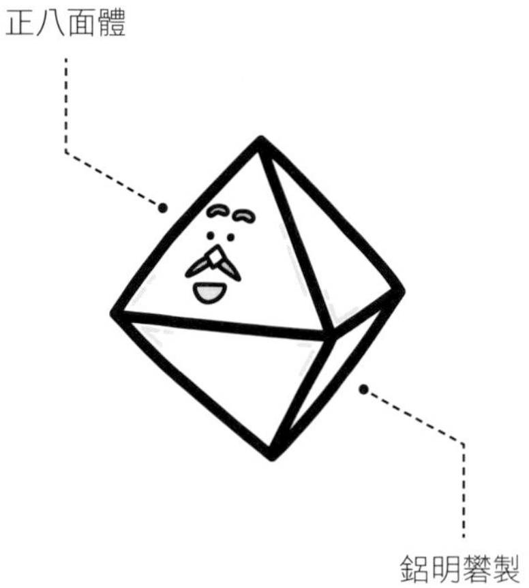
正八面體
鋁明礬製

保麗龍箱君

正式名稱 保麗龍箱（styrofoam box）

擅長技能 保溫。

個性特色 不說話，心思都擱在心底的類型。

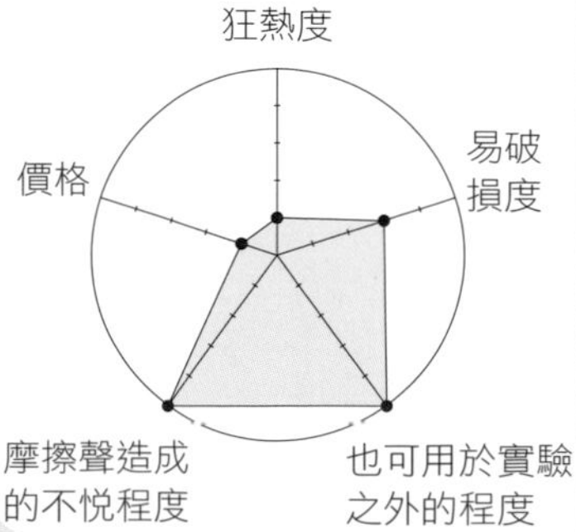
狂熱度
易破損度
也可用於實驗之外的程度
摩擦聲造成的不悅程度
價格

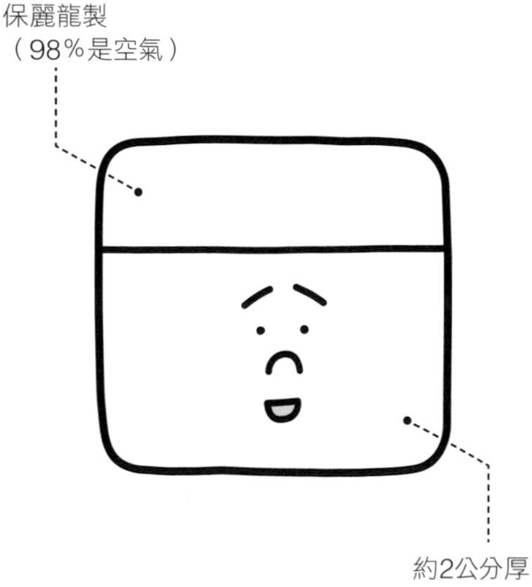
保麗龍製
（98%是空氣）
約2公分厚

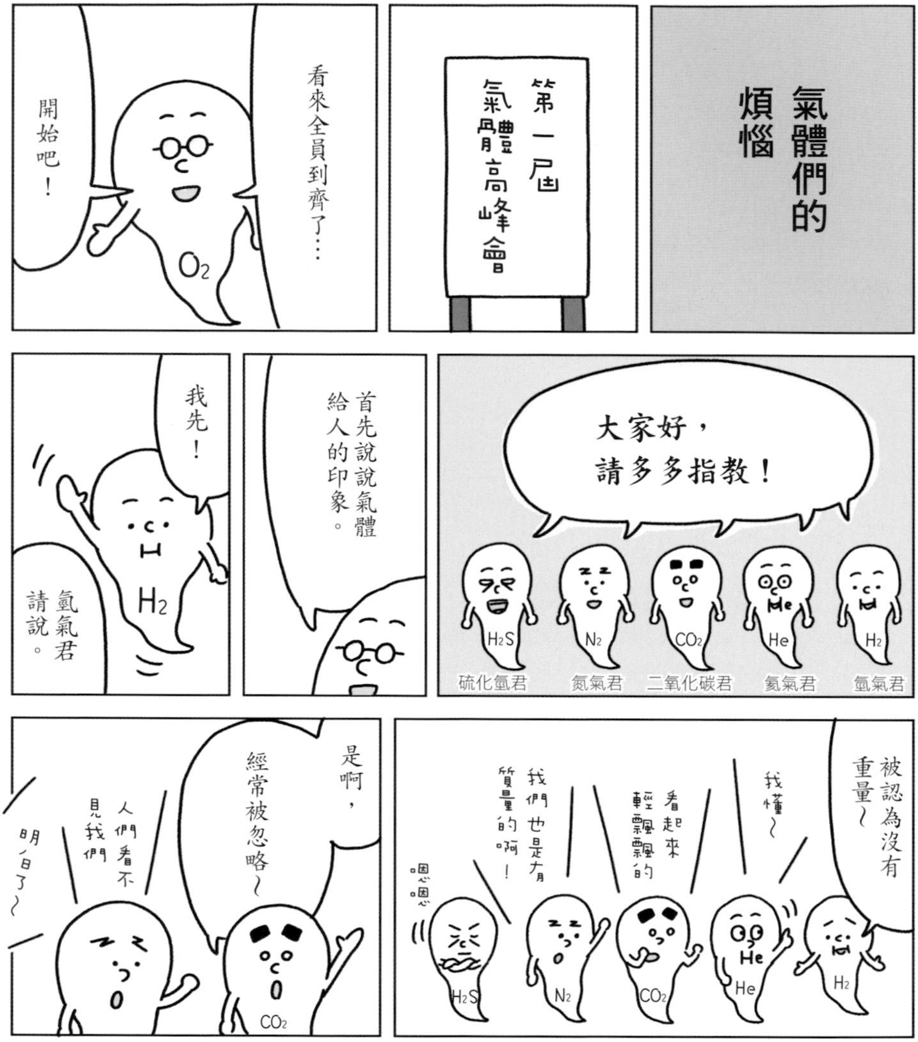
氣體們的煩惱
第一屆
氣體高峰會
看來全員到齊了…
開始吧！
大家好，
請多多指教！
硫化氫君
氮氣君
二氧化碳君
氦氣君
氫氣君
H_2S
N_2
CO_2
He
H_2
首先說說氣體給人的印象。
我先！
氫氣君請說。
被認為沒有重量～
我懂～
看起來輕飄飄的
我們也是有質量的啊！
嗯嗯
是啊，經常被忽略～
人們看不見我們
明白了～

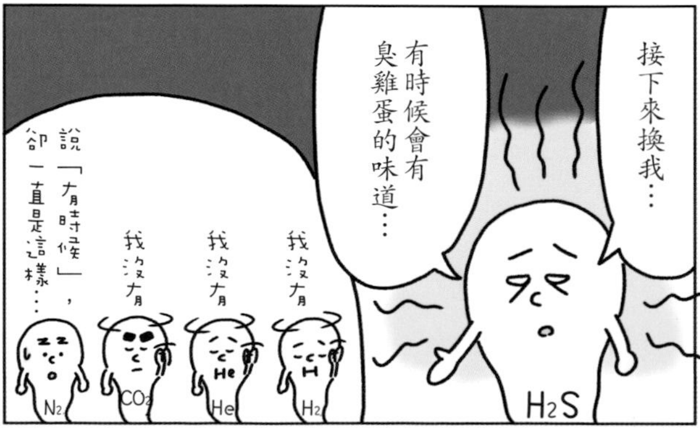
接下來換我…
有時候會有臭雞蛋的味道…
我沒有
我沒有
我沒有
說「有時候」，卻一直是這樣…

燒杯君備忘錄

▼有臭雞蛋味的只有硫化氫君。

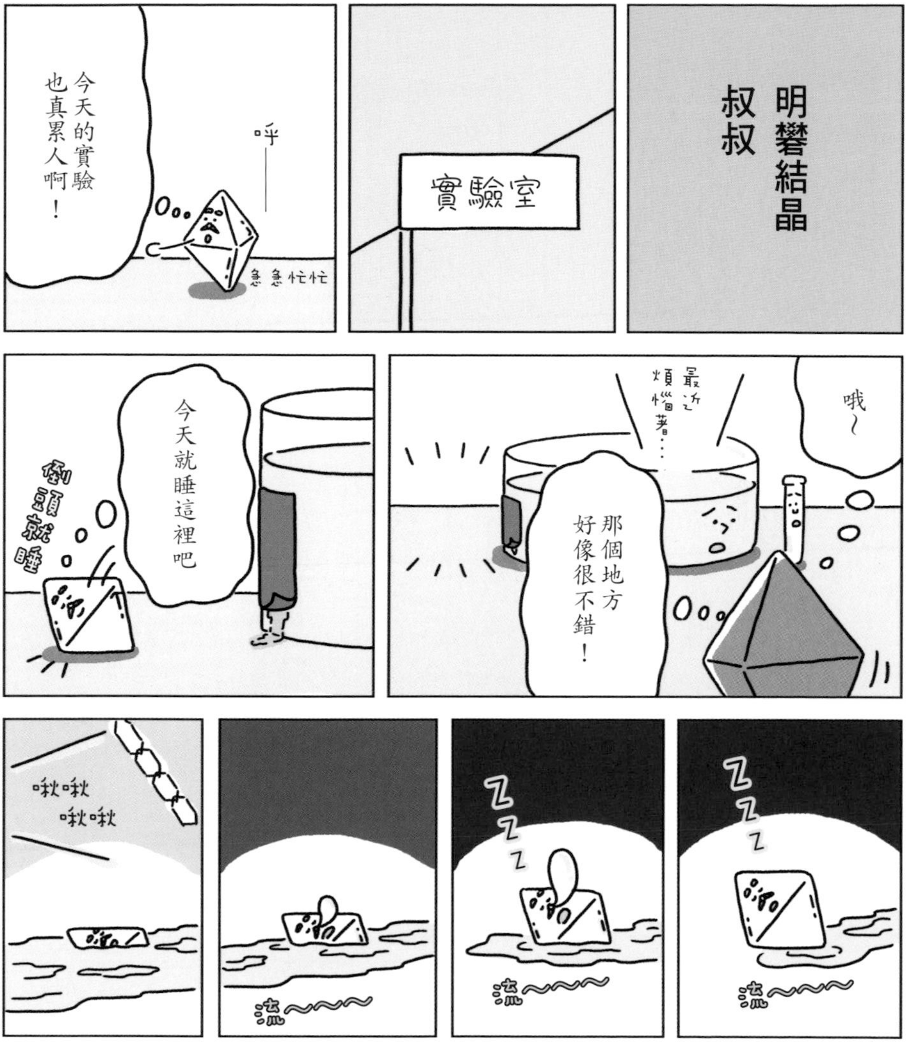
明礬結晶叔叔
實驗室
呼——
今天的實驗也真累人啊！
急急忙忙
哦~
最近煩惱著…
那個地方好像很不錯！
今天就睡這裡吧
倒頭就睡
Z Z Z
流~~~
Z Z Z
流~~~
流~~~
啾啾
啾啾

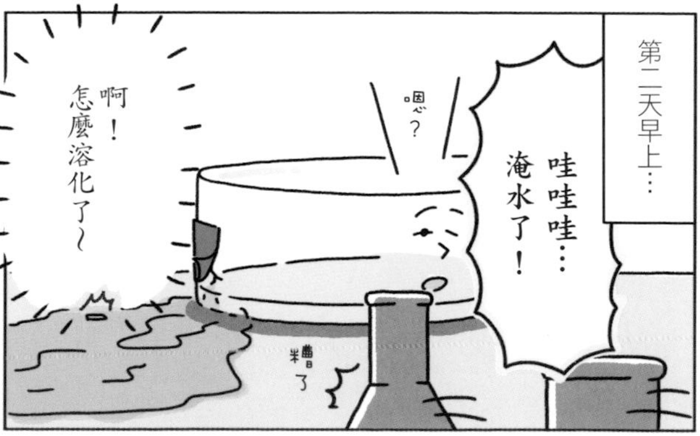
第二天早上…
哇哇哇…淹水了！
嗯？
啊！怎麼溶化了~
糟了

燒杯君備忘錄

▼結晶遇水會溶化。

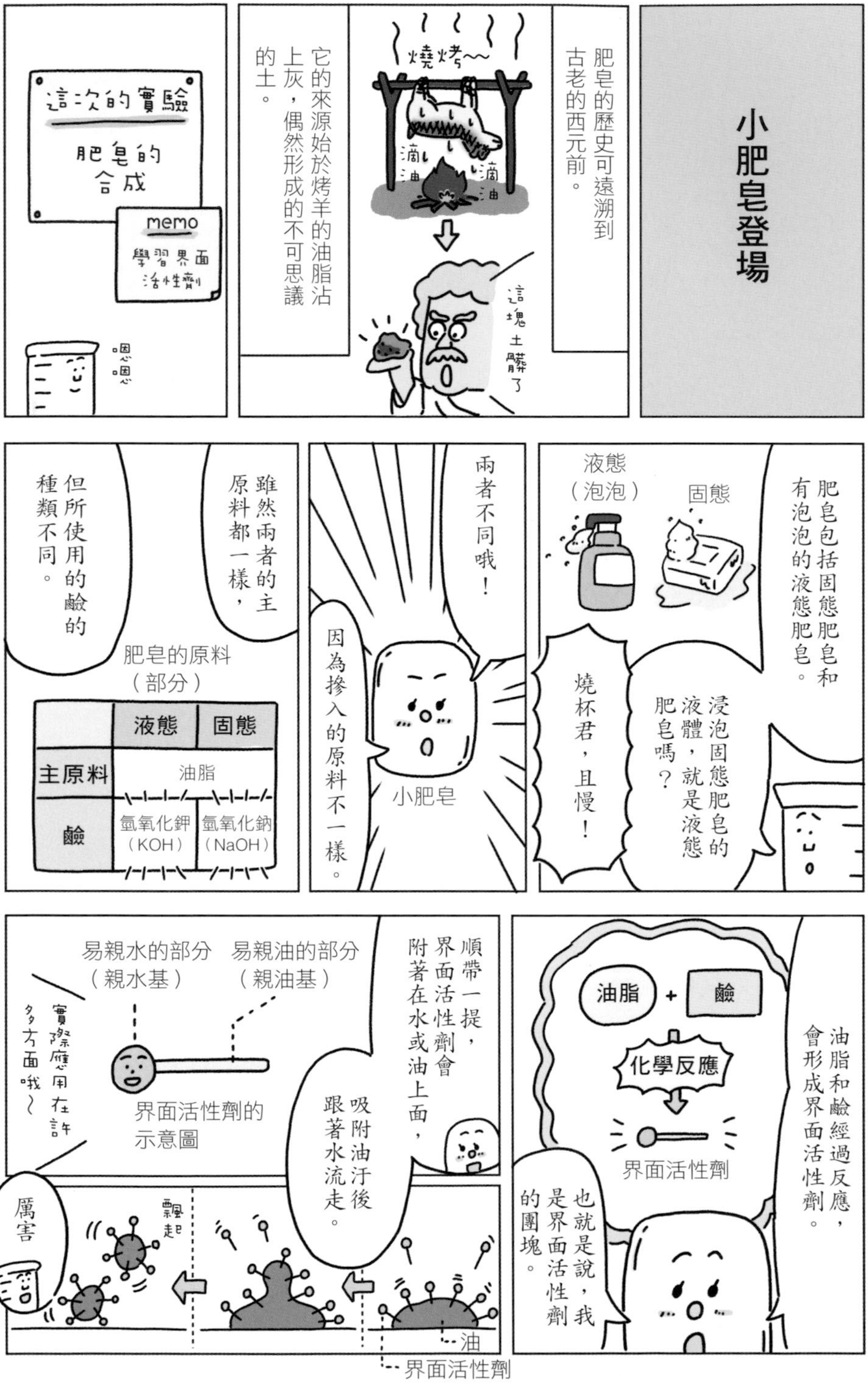
小肥皂登場
肥皂的歷史可遠溯到古老的西元前。
燒烤～～
滴油
滴油
這塊土髒了
它的來源始於烤羊的油脂沾上灰，偶然形成的不可思議的土。
這次的實驗
肥皂的合成
memo
學習界面活性劑
嗯嗯
肥皂包括固態肥皂和有泡泡的液態肥皂。
液態（泡泡）
固態
浸泡固態肥皂的液體，就是液態肥皂嗎？
燒杯君，且慢！
兩者不同哦！
因為摻入的原料不一樣。
小肥皂
雖然兩者的主原料都一樣，
但所使用的鹼的種類不同。
肥皂的原料（部分）

	液態	固態
主原料	油脂	
鹼	氫氧化鉀（KOH）	氫氧化鈉（NaOH）

油脂和鹼經過反應，會形成界面活性劑。
油脂
+
鹼
化學反應
界面活性劑
也就是說，我是界面活性劑的團塊。
順帶一提，界面活性劑會附著在水或油上面，
易親水的部分（親水基）
易親油的部分（親油基）
界面活性劑的示意圖
實際應用在許多方面哦～
吸附油汙後跟著水流走。
飄起
油
界面活性劑
厲害

※合成：透過化學反應，製作目標化合物。

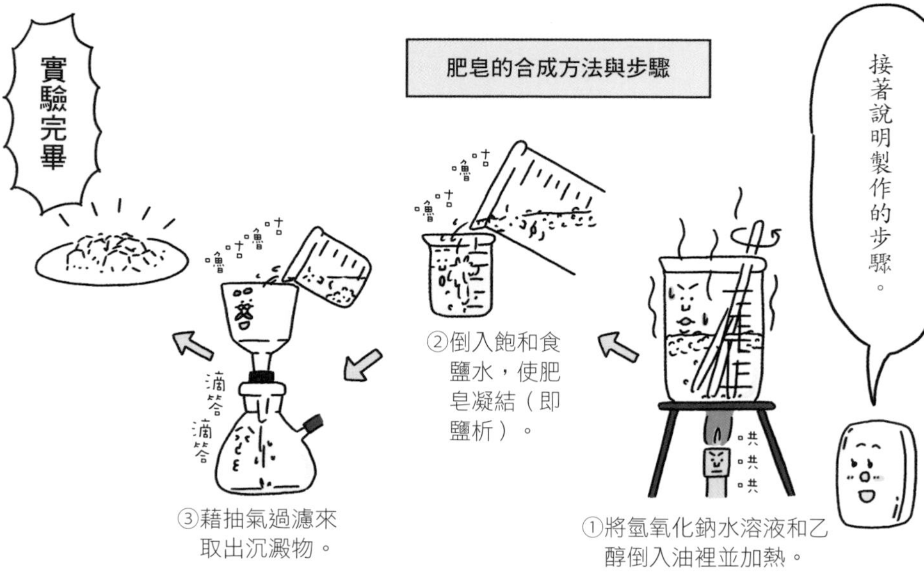
接著說明製作的步驟。
肥皂的合成方法與步驟
①將氫氧化鈉水溶液和乙醇倒入油裡並加熱。
②倒入飽和食鹽水，使肥皂凝結（即鹽析）。
③藉抽氣過濾來取出沉澱物。
滴答 滴答
實驗完畢

順帶一提，以上方法叫做「皂化法」，但也有稱為「中和法」的製作方法。
皂化法
油脂＋鹼↓肥皂（＋甘油）
中和法
脂肪酸＋鹼↓肥皂
工廠以中和法為主流。
不論使用哪一種方法，碰觸要使用的鹼都有危險性，所以得注意。
危險!?
試劑瓶君
你好～
NaOH
※參閱p.12
快去洗一洗！
……
你是玻璃的，應該沒問題吧……

製作肥皂的實驗很有趣，但使用氫氧化鈉等鹼性藥品卻得注意。改用矽酸鈉雖然安全些，但這些都不能接觸火源，孩子得在安全的前提下才能快樂的實驗。在人們必須學習廢油回收處理的今天，也曾流行過製作肥皂。只是，利用炸天婦羅的廢油製成的肥皂，也會有天婦羅的味道。不管洗多少遍，手也好、想清洗的東西也罷，全都帶著天婦羅的味道，導致晚餐只吃得下清淡的食物。想要製作乾淨的肥皂，還是得用乾淨的油。

燒杯君備忘錄

▼液態肥皂不是固態肥皂泡水後形成的東西。

肥皂的合成實驗

實驗目的

- **合成肥皂。**

實驗步驟

①將氫氧化鈉水溶液和乙醇倒入椰子油裡，並加熱。
②將飽和食鹽水倒入步驟①的液體中（即鹽析）。
③藉抽氣過濾來取出肥皂。

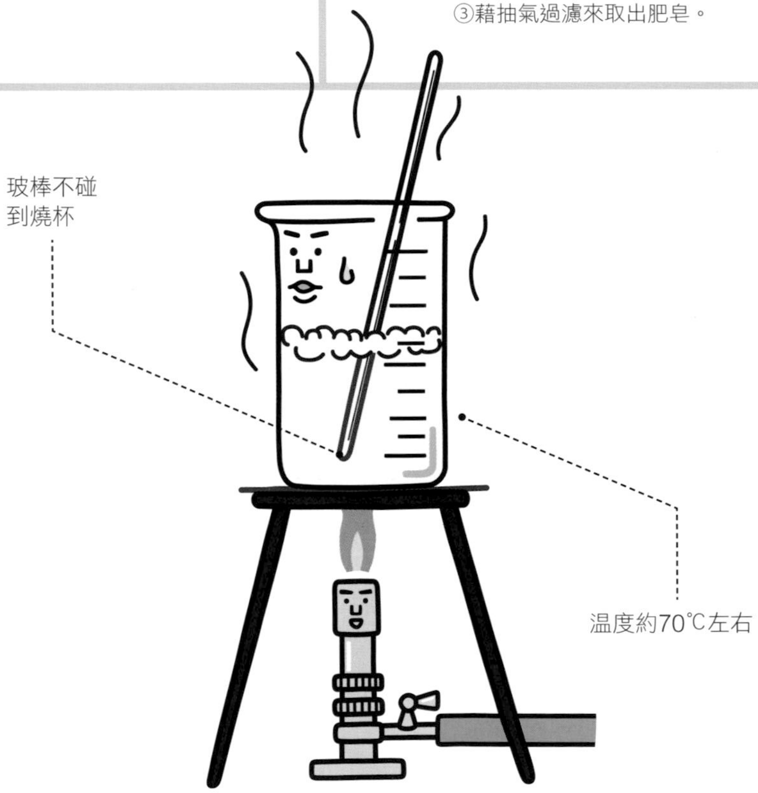
玻棒不碰
到燒杯
溫度約70℃左右

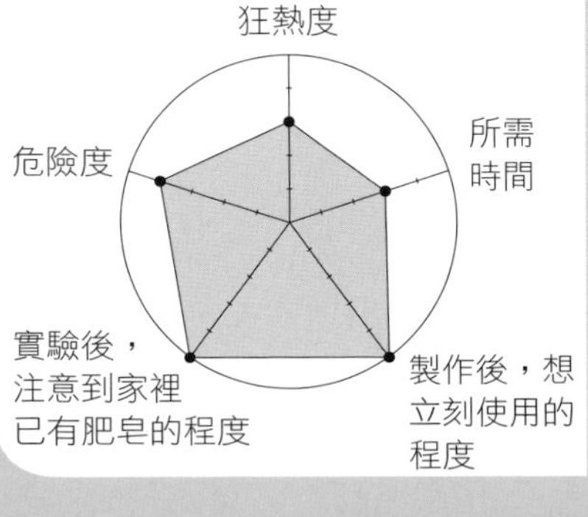
狂熱度
所需
時間
製作後，想
立刻使用的
程度
實驗後，
注意到家裡
已有肥皂的程度
危險度

一點小小的忠告
Onepoint
Advice

「乙醇可使油和鹼
充分的混合。」

小肥皂

正式名稱 肥皂（soap）
擅長技能 使髒汙脫落。
個性特色 平常溫和，但也認真吐槽。

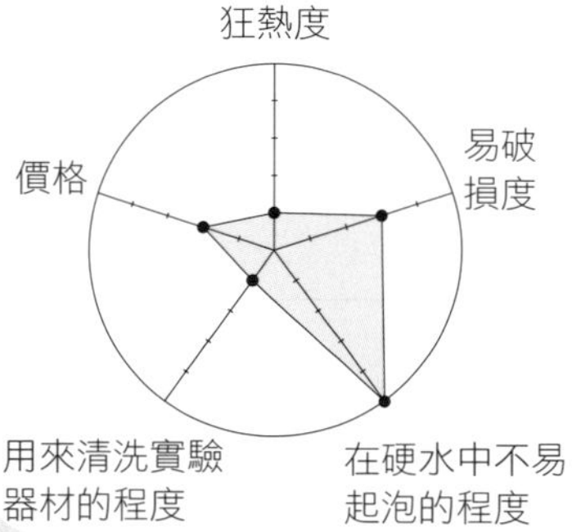
狂熱度
易破損度
在硬水中不易起泡的程度
用來清洗實驗器材的程度
價格

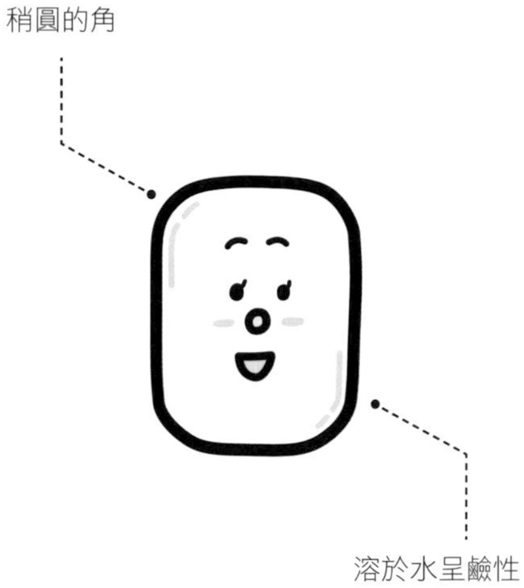
稍圓的角
溶於水呈鹼性

｛摻有界面活性劑的物品｝

界面活性劑應用在各種領域，
這裡將介紹其中一部分。
當做發泡清潔劑
洗髮精
當做潤髮劑
潤絲精
當做顏料分散劑
油漆
當做藥劑的分散劑
醫療藥品
當做清潔劑
洗衣精
廚房清潔劑
當做乳化劑
奶油
冰淇淋

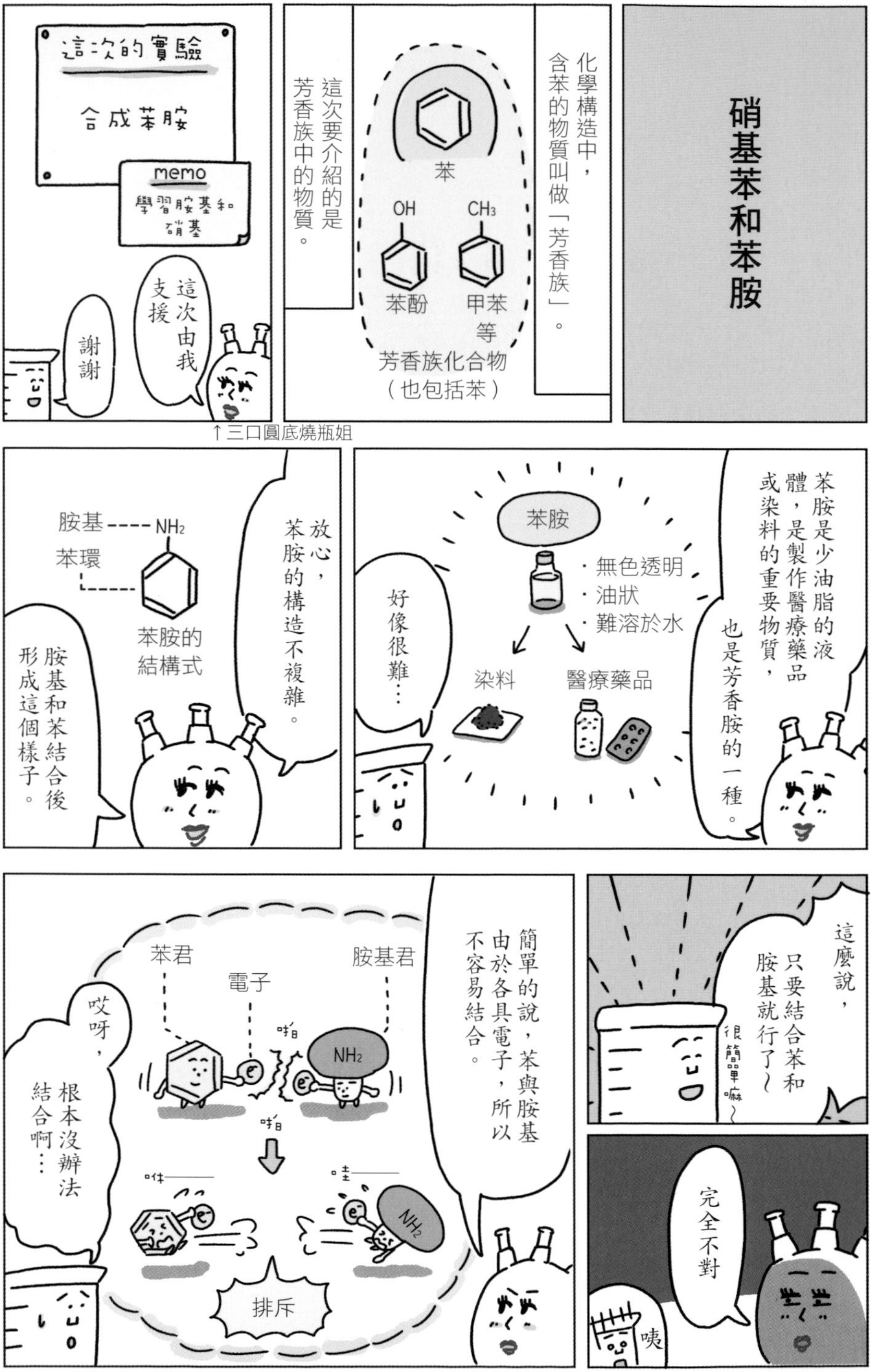
硝基苯和苯胺
化學構造中，含苯的物質叫做「芳香族」。
苯
OH
苯酚
CH3
甲苯
等
芳香族化合物
（也包括苯）
這次要介紹的是芳香族中的物質。
這次的實驗
合成苯胺
memo
學習胺基和硝基
這次由我支援
謝謝
↑三口圓底燒瓶姐
苯胺是少油脂的液體，是製作醫療藥品或染料的重要物質，
也是芳香胺的一種。
苯胺
・無色透明
・油狀
・難溶於水
染料
醫療藥品
好像很難……
放心，苯胺的構造不複雜。
胺基
NH2
苯環
苯胺的結構式
胺基和苯結合後形成這個樣子。
這麼說，只要結合苯和胺基就行了～
很簡單嘛～
完全不對
咦
簡單的說，苯與胺基由於各具電子，所以不容易結合。
苯君
電子
胺基君
NH2
排斥
哎呀，根本沒辦法結合啊……

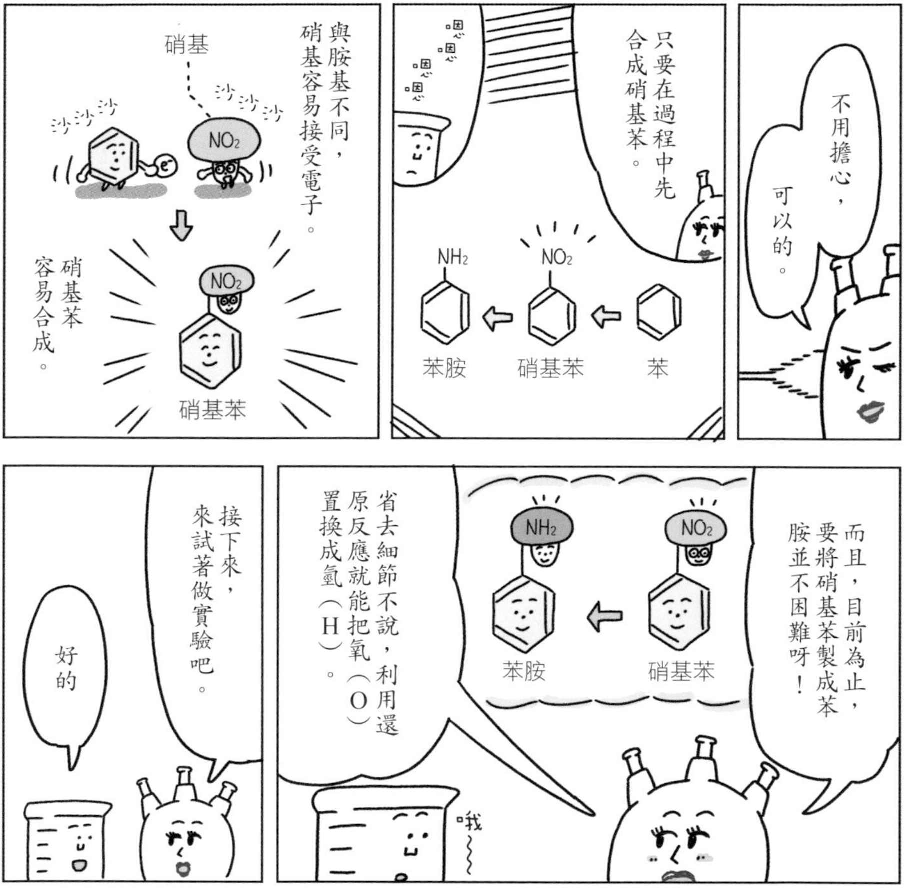
不用擔心，
可以的。
只要在過程中先合成硝基苯。
苯
硝基苯
苯胺
NO_2
NH_2
嗯嗯嗯嗯
與胺基不同，硝基容易接受電子。
硝基
沙沙沙
沙沙沙
NO_2
硝基苯容易合成。
硝基苯
而且，目前為止，要將硝基苯製成苯胺並不困難呀！
硝基苯
苯胺
省去細節不說，利用還原反應就能把氧（O）置換成氫（H）。
哦～
接下來，來試著做實驗吧。
好的

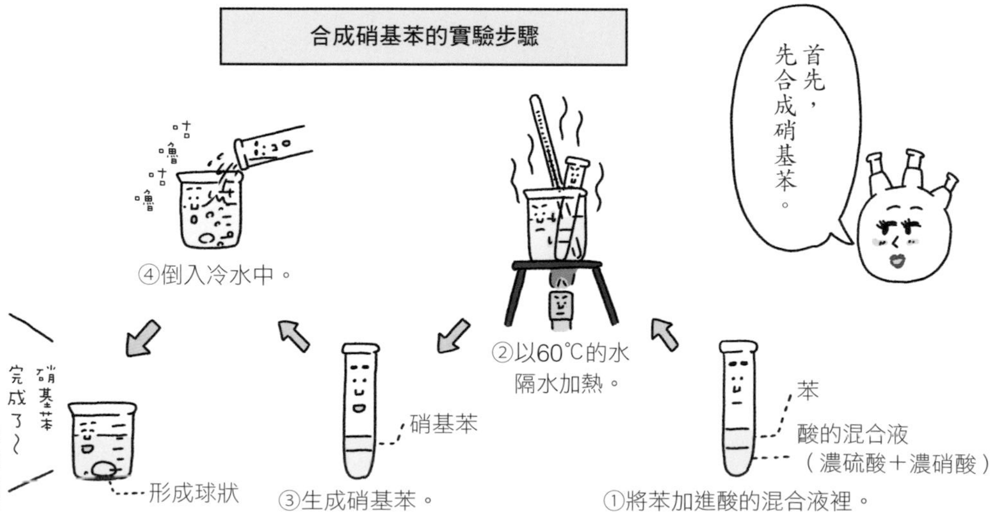
合成硝基苯的實驗步驟
首先，先合成硝基苯。
①將苯加進酸的混合液裡。
苯
酸的混合液
（濃硫酸＋濃硝酸）
②以60℃的水隔水加熱。
③生成硝基苯。
硝基苯
④倒入冷水中。
咕嚕咕嚕
形成球狀
硝基苯完成了～

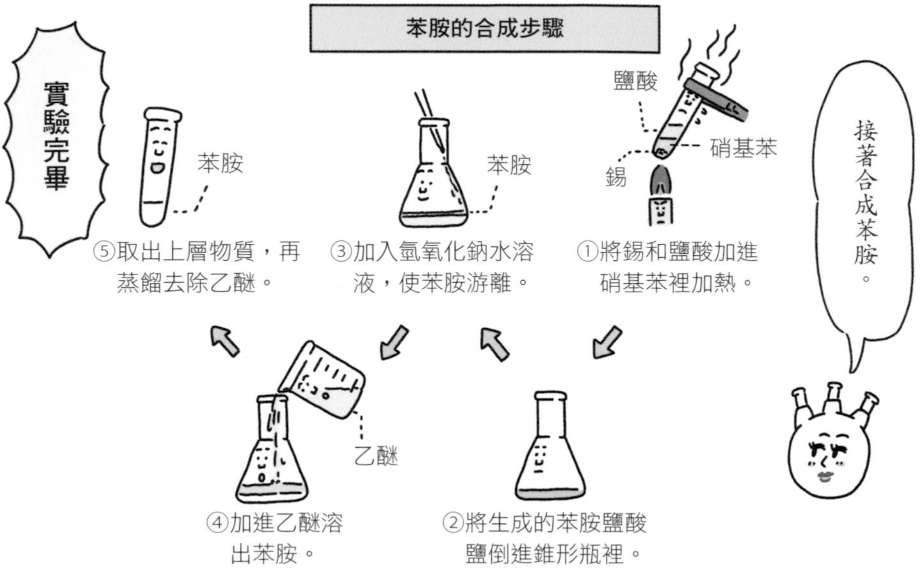
接著合成苯胺。
苯胺的合成步驟
鹽酸
硝基苯
錫
①將錫和鹽酸加進硝基苯裡加熱。
②將生成的苯胺鹽酸鹽倒進錐形瓶裡。
苯胺
③加入氫氧化鈉水溶液，使苯胺游離。
乙醚
④加進乙醚溶出苯胺。
苯胺
⑤取出上層物質，再蒸餾去除乙醚。
實驗完畢

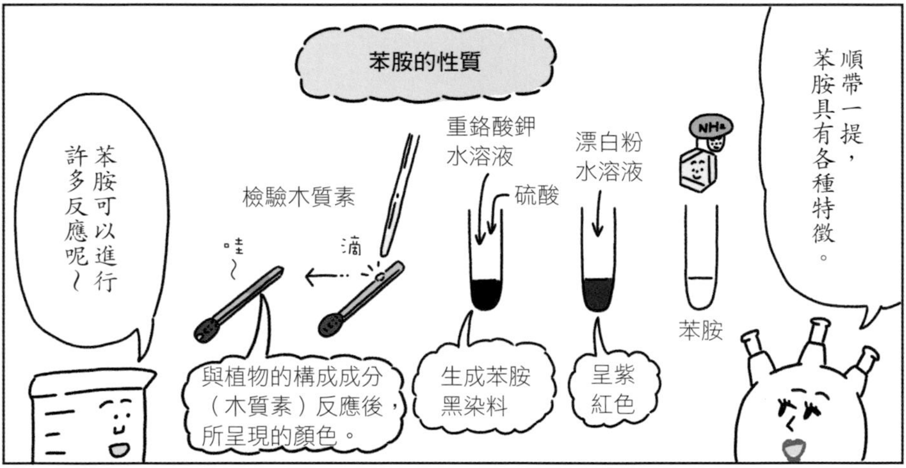
苯胺的性質
順帶一提，苯胺具有各種特徵。
NH₂
苯胺
漂白粉水溶液
呈紫紅色
重鉻酸鉀水溶液
硫酸
生成苯胺黑染料
檢驗木質素
滴
哇～
與植物的構成成分（木質素）反應後，所呈現的顏色。
苯胺可以進行許多反應呢～

芳香族化合物之所以「芳香」，是因為具有與苯酚或甲酚類似化合物的強烈氣味，和芳香（聞起來香香的）不同，是聞來讓人非常不悅的臭味。如果想聞可以接受的氣味（僅管從事這類實驗的人不多），建議同樣利用有機化學的合成實驗來合成醋酸酯類，藉以製造出蘋果、香蕉、鳳梨等水果的香氣。只是如果放置一段時間，整個實驗室就會充滿混雜的氣味，形成讓人不敢聞的強烈惡臭。

燒杯君備忘錄

▼把硝基苯放進水裡會變成球體。

硝基苯的合成實驗

實驗目的

- **合成硝基苯。**

實驗步驟

①把苯加入酸的混合液裡。
②以60℃的水隔水加熱。
③生成硝基苯。
④注入冷水。

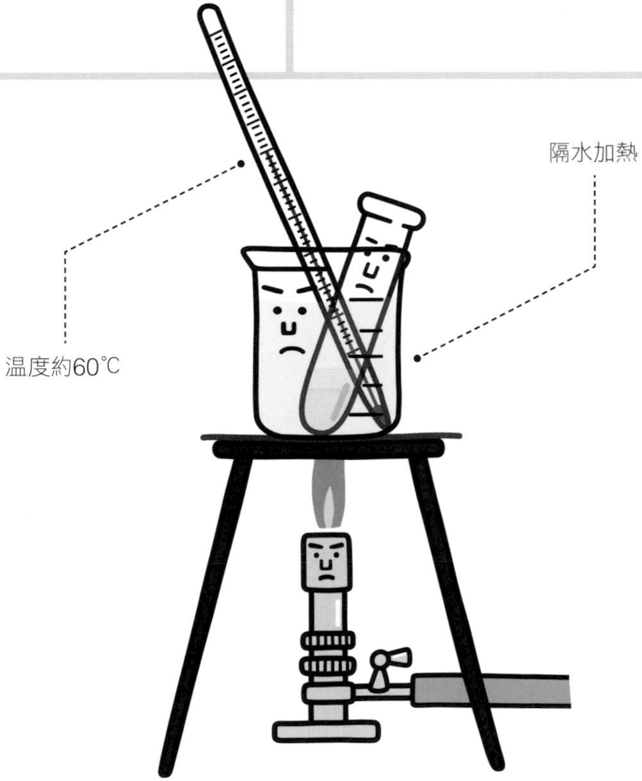
隔水加熱
溫度約60℃

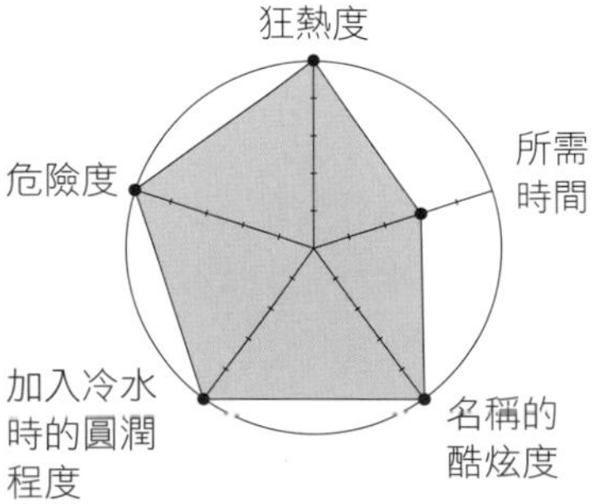
狂熱度
所需時間
名稱的酷炫度
加入冷水時的圓潤程度
危險度

一點小小的忠告
Onepoint Advice

「溫度超過60℃
可能會引起其他反應，
所以要嚴格控制溫度。」

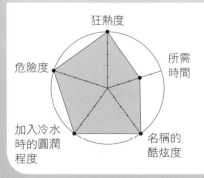

苯胺的合成實驗

實驗目的

- **藉硝基苯來合成苯胺。**

實驗步驟

①將錫和鹽酸加進硝基苯裡，並加熱且充分搖晃。
②將已生成的苯胺鹽酸鹽倒入錐形瓶中。
③加進氫氧化鈉水溶液，將苯胺游離出來。
④倒入乙醚溶出苯胺。
⑤取出上層物質並蒸餾去除乙醚。

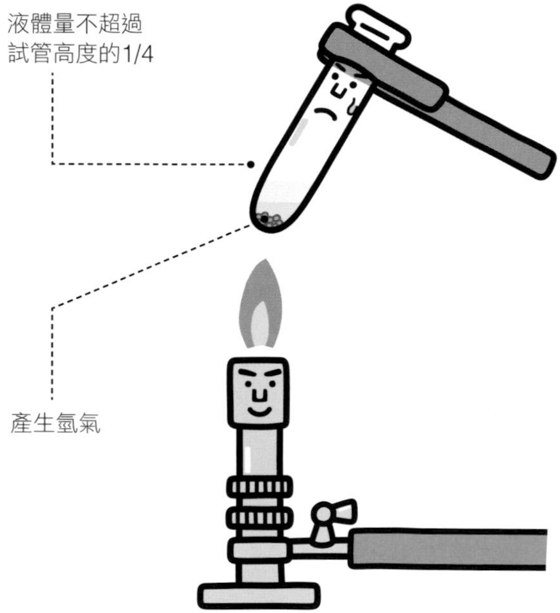

液體量不超過
試管高度的1/4
產生氫氣

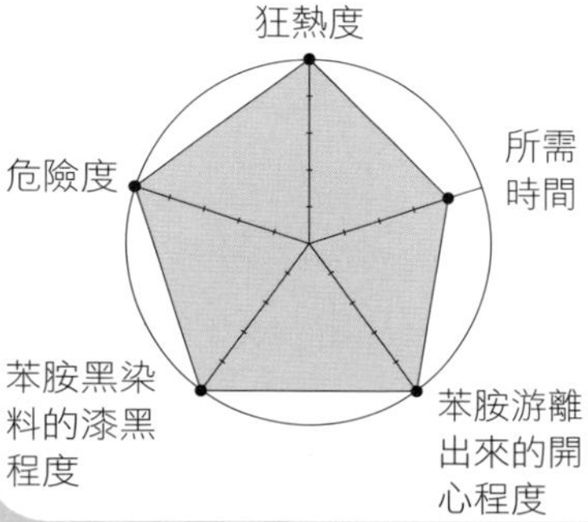

狂熱度
所需時間
苯胺游離出來的開心程度
苯胺黑染料的漆黑程度
危險度

一點小小的忠告
Onepoint Advice

「要小心處理
硝基苯、鹽酸、苯胺等
危險物質。」

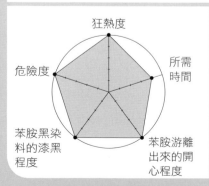

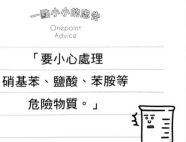

{由苯胺合成的東西} 部分

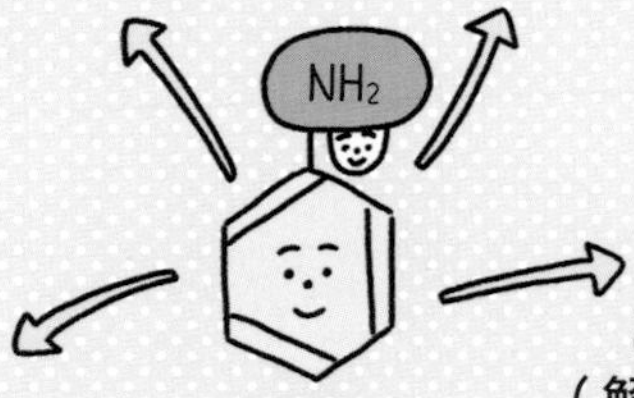
NH2
苯胺

1 苯胺紫
（苯胺染料）

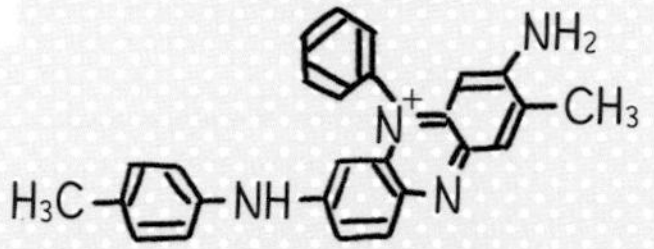
NH2
N+
CH3
H3C
NH
N

是1856年全球首次發現的合成染料。在奎寧的合成過程中，偶然發現的紫色，又稱甲基紫。

2 乙醯苯胺
（解熱鎮痛劑）

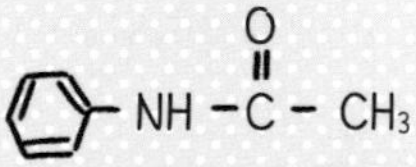
O
NH
C
CH3

又稱乙醛苯胺。過去曾被應用在解熱鎮痛，如今已不再使用。

3 乙醯胺酚
（解熱鎮痛劑）

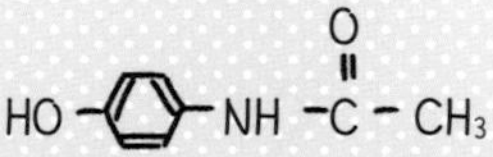
O
HO
NH
C
CH3

應用在小孩或大人身上的解熱鎮痛劑之一。

4 酒石黃
（偶氮染料）

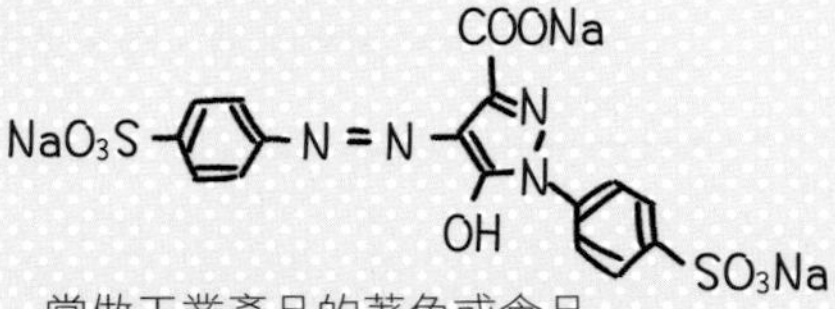
COONa
NaO3S
N = N
N
N
OH
SO3Na

當做工業產品的著色或食品添加物來使用。是合成的著色劑，通稱黃色4號。

5 甲基橙
（酸鹼指示劑）

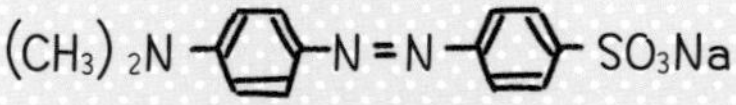
(CH3) 2N
N = N
SO3Na

在pH3.1~4.4間由紅到橙黃的變色過程。是pH指示劑，常應用在滴定等方面。

苯胺是染料或醫療藥品不可或缺的中間物質。
是重要物質呢～

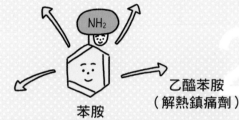

COLUMN

量測的實驗

實驗中會發生一些變化，或者應該說，實驗就是在可控制的環境基礎下，引起一些變化。什麼變化都沒有，謂之失敗（很意外的，單單忘記試劑這一點就經常發生，汗）；而如果不能充分掌握所發生的變化，就實驗來說也是失敗的。

下一章主題是準確測量發生變化的結果，並進行思考的「量測的實驗」。就算眼睛幾乎看不見變化，但只要好好的測量重量或溫度等，就可以讀取變化。即使是沒有爆炸或變色的樸素實驗，依然藏有開闢科學世界的重要鎖匙。

在科學歷史中，使量測的實驗燦然生輝的是18世紀的法國科學家拉瓦節（Antoine Laurent Lavoisier）。他在1774年發表的「質量守恆定律」尤其有名，描述物質燃燒前後，所有與反應有相關的物質總質量不會改變這件事。拉瓦節利用非常精密的實驗與測量方法，證明了這個定律。他是全世界最早將燃燒解釋為和氧氣結合的科學家，加上其他不勝枚舉的諸多功績，讓他又被稱做「近代化學之父」。更令人感動的是，他的夫人瑪麗（Marie-Anne）在婚後學習化學和素描，才得以將實驗紀錄詳細的保留下來，流傳後世。

另一個想介紹有關量測的實驗的例子，是1887年美國物理學家邁克生（Albert Michelson）與莫立（Edward Morley）進行的「邁克生—莫立實驗」。大抵來說，這是一個將宇宙中地球的運動速度和光速的比，嘗試在「地球上」計算出來的實驗。只是，光速是宇宙中最快的速度，因此如果要在實驗可執行的距離下檢驗出結果，必須有非常高精準度的測量方法才行。邁克生—莫立實驗後來雖然以失敗告終，可是經過爾後的科學議論，不但影響了重力研究和相對論，也讓科學家對時空的思考方式產生了變化。是的，「量測的實驗」雖不炫麗，卻見偉大。

CHAPTER

量測的實驗

質量的變化

18世紀後半，法國化學家拉瓦節確立了理論。
我想到了
是這樣
「燃燒」就是氧化的理論。
這次的實驗
量測鋼絲絨燃燒前後的質量
memo
實際感受氧化反應
請多指教
燃燒前鋼絲絨君→
燒杯君，你知道燃燒的意思嗎？
就是物質會燒起來嘛～我知道。
是這樣沒錯。
在化學中，燃燒是指在空氣或氧氣中引起的激烈氧化反應。
氧化反應？
詳情稍後說明，
先來做實驗吧！

鋼絲絨燃燒的實驗步驟

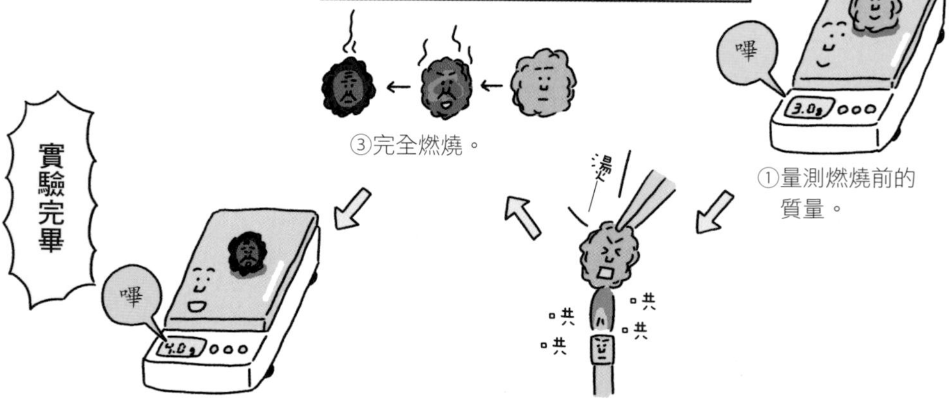
嗶
3.0g
燙
哄
哄
哄
哄
嗶
4.0g
實驗完畢

①量測燃燒前的質量。

②靠近本生燈的火焰。

③完全燃燒。

④量測燃燒後的質量並確認重量的變化。

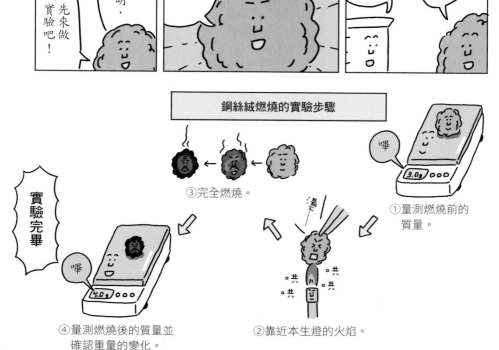

關於實驗的步驟，都了解了嗎？
~…
燃燒後，變成大叔了！
嗯…
燃燒後重量改變是因為發生氧化反應。
鐵
+
氧
O2
氧化鐵
也就是說，氧附著在鐵（鋼絲絨）上面。
原來如此…
因此，經過燃燒，重量就會愈來愈重。
燃燒前
輕
燃燒後
重
愈來愈多氧附著上去。
順帶一提，氧化鐵在許多領域都會看到。
油漆
化妝品的著色顏料
鑽石的研磨劑
我只想問…你是鋼絲絨君，對吧？
不久前的話，是的，
現在我是燃燒後鋼絲絨大叔喔！
老得好快！

在進行測量質量變化的實驗時，有過痛苦回憶。當時我要做的實驗是「1公克鐵粉充分氧化後，會得出多少公克？」。一開始想量取微妙的1公克，可是不管幾次都無法準確量取1公克。自己怎麼那麼沒用的痛苦感湧上心頭，「一定是重力改變了」成了當時為自己辯解的說辭。回頭想想，簡單量取大致的量進行測重，再按照比例計算不就求出答案了嘛（我到底在忙什麼啊）。

燒杯君備忘錄

▼鐵經過燃燒會變重。

鋼絲絨燃燒實驗

實驗目的

- **比較燃燒前後鋼絲絨的質量，並了解氧化反應。**

實驗步驟

①利用電子天平測量鋼絲絨的質量。
②將鋼絲絨靠近本生燈的火焰。
③完全燃燒。
④量測燃燒後的質量並計算出改變的重量。

注意別讓燃燒的鐵到處飛散

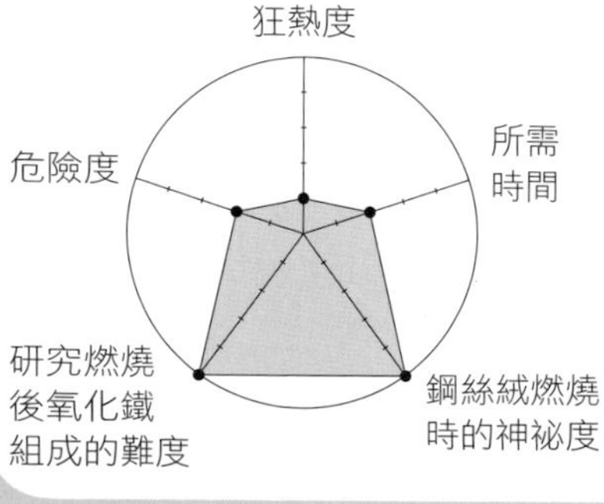

一點小小的忠告
Onepoint Advice

「當燃燒開始進行後，此時要離本生燈的火遠一點。」

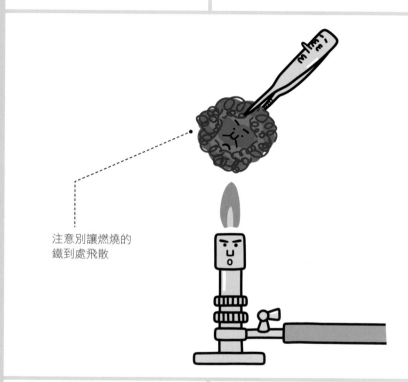

燃燒中的鋼絲絨大哥

正式名稱　鋼絲絨（steel wool）

擅長技能　進行燃燒反應。

個性特色　燃燒時被委以大任。

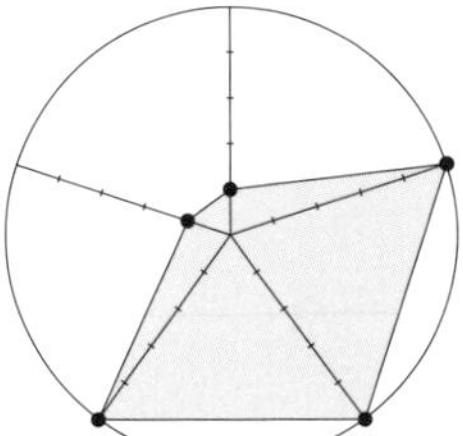
狂熱度
易破損度
不能碰觸的程度
以為燒完了，實際卻不然的程度
價格

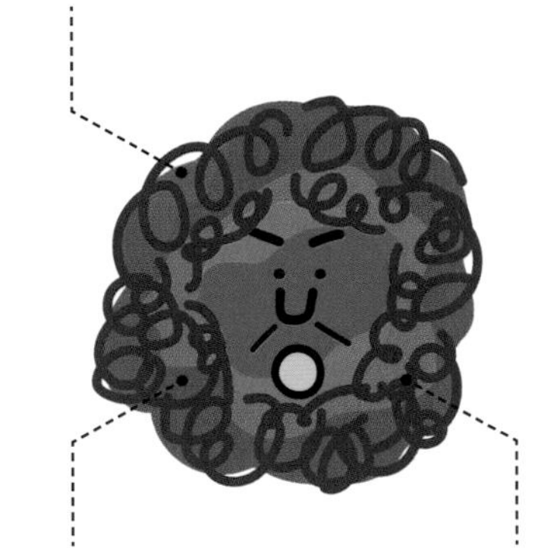
燃燒中
纖細的金屬纖維
黑灰混雜的身體

{身邊的氧化反應}

咦～染髮和燙髮都和氧化反應有關。

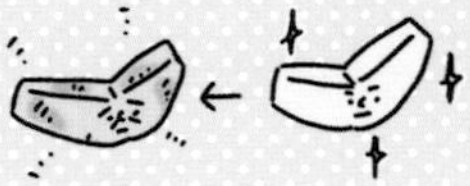

蘋果的變色

因蘋果所含的多酚氧化造成的。

鐵鏽

金屬和氧或水分反應後產生的。

身邊有很多喔！

燙髮

切斷毛髮中的鍵結，藉氧化反應使之再鍵結。

染髮

染料浸入毛髮後，藉氧化反應改變顏色。

暖暖包

應用了鐵粉氧化會發熱的特性。

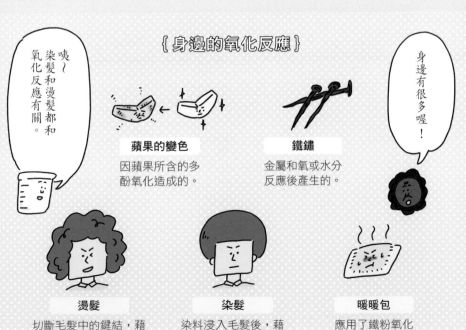

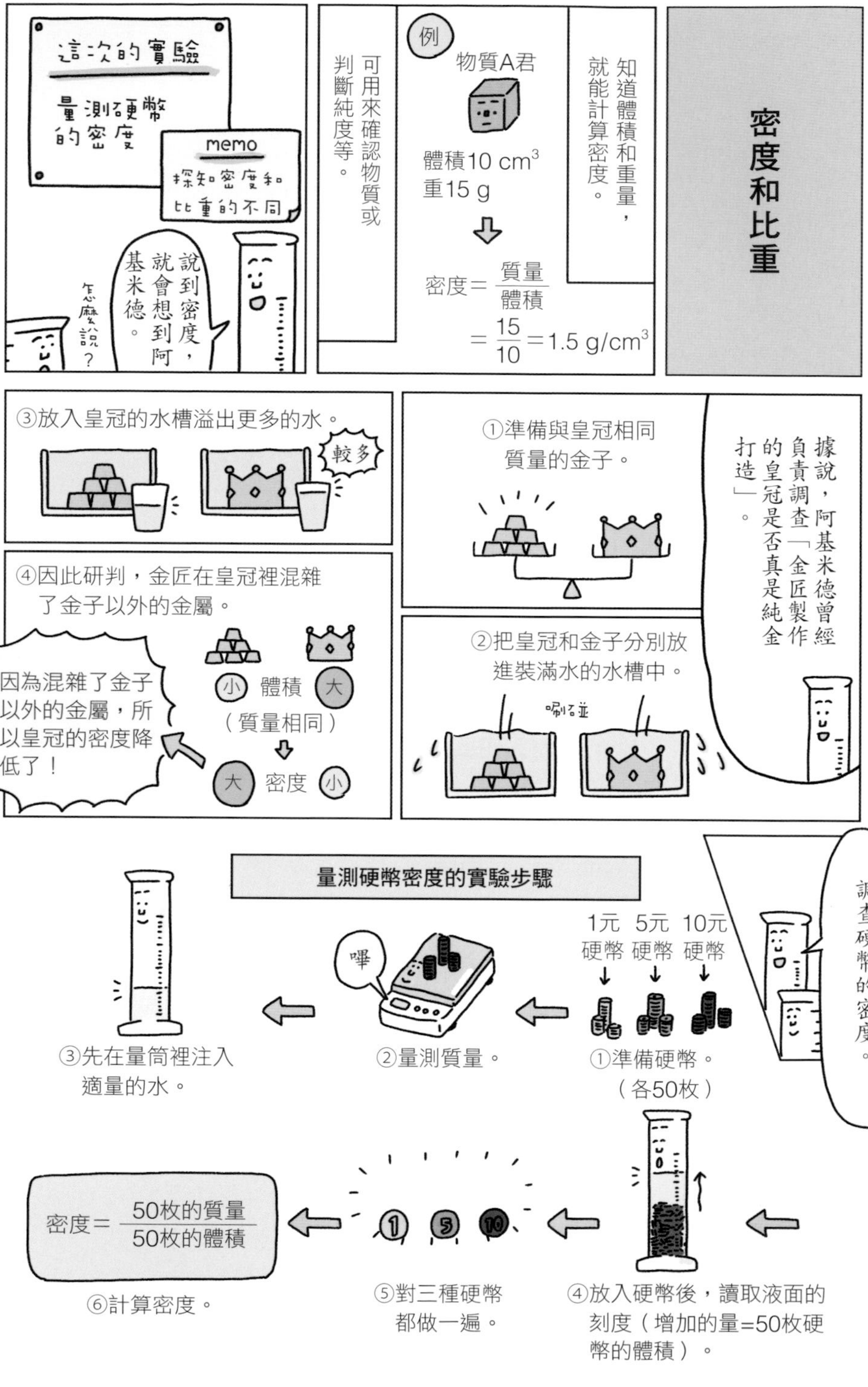
密度和比重
知道體積和重量，就能計算密度。
例
物質A君
體積10 cm³
重15 g
密度＝質量／體積
＝15／10＝1.5 g/cm³
可用來確認物質或判斷純度等。
這次的實驗
量測硬幣的密度
memo
探知密度和比重的不同
說到密度，就會想到阿基米德。
怎麼說？
據說，阿基米德曾經負責調查「金匠製作的皇冠是否真是純金打造」。
①準備與皇冠相同質量的金子。
②把皇冠和金子分別放進裝滿水的水槽中。
③放入皇冠的水槽溢出更多的水。
較多
④因此研判，金匠在皇冠裡混雜了金子以外的金屬。
小 體積 大
（質量相同）
大 密度 小
因為混雜了金子以外的金屬，所以皇冠的密度降低了！
同樣的，利用水來調查硬幣的密度。
量測硬幣密度的實驗步驟
1元硬幣 5元硬幣 10元硬幣
①準備硬幣。（各50枚）
嗶
②量測質量。
③先在量筒裡注入適量的水。
④放入硬幣後，讀取液面的刻度（增加的量=50枚硬幣的體積）。
⑤對三種硬幣都做一遍。
密度＝50枚的質量／50枚的體積
⑥計算密度。

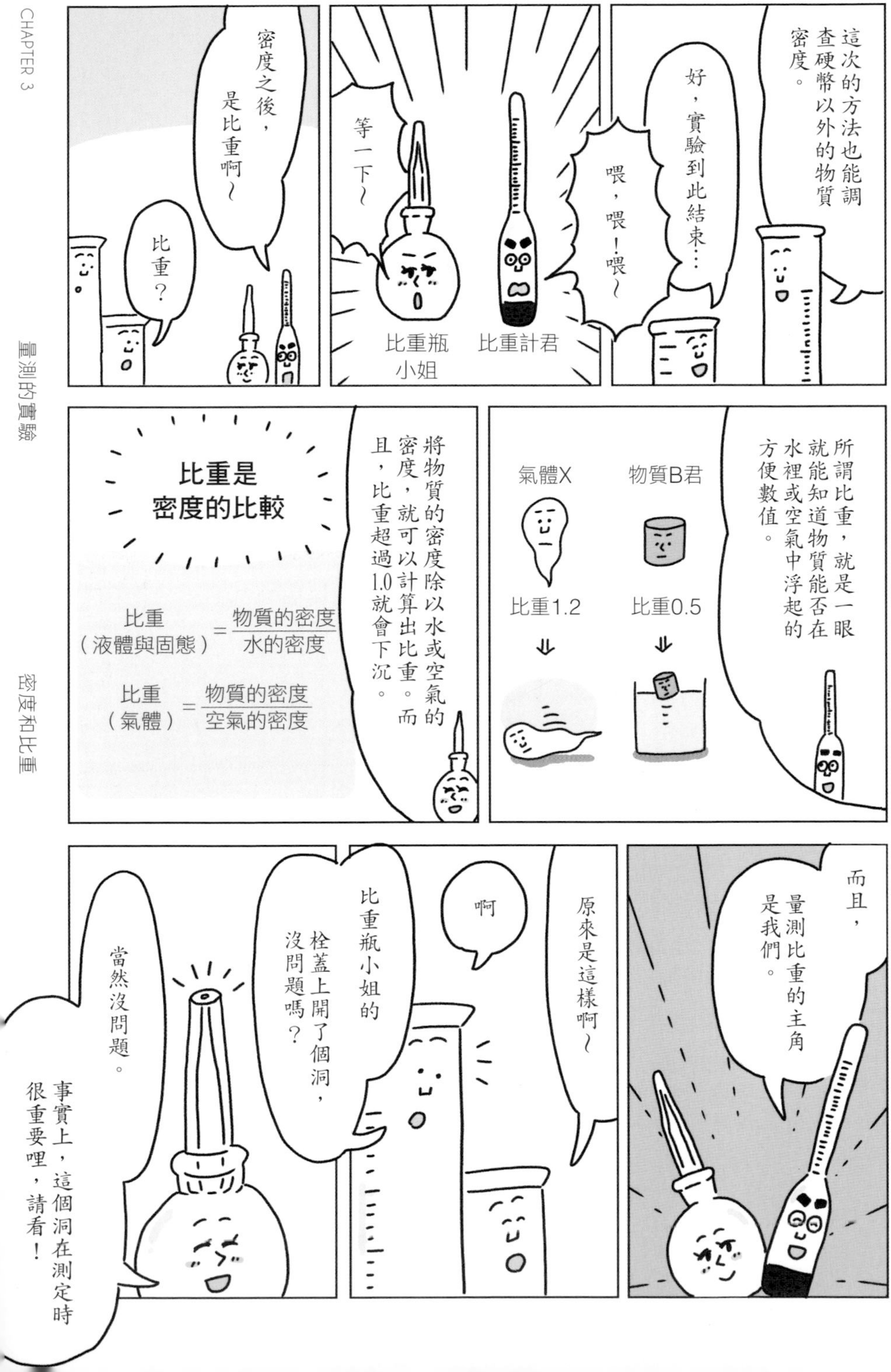
這次的方法也能調查硬幣以外的物質密度。
好，實驗到此結束…
喂，喂！喂～
等一下～
比重瓶小姐
比重計君
密度之後，是比重啊～
比重？
所謂比重，就是一眼就能知道物質能否在水裡或空氣中浮起的方便數值。
氣體X
物質B君
比重1.2
比重0.5
將物質的密度除以水或空氣的密度，就可以計算出比重。而且，比重超過1.0就會下沉。
比重是密度的比較
比重（液體與固態）＝物質的密度／水的密度
比重（氣體）＝物質的密度／空氣的密度
而且，量測比重的主角是我們。
原來是這樣啊～
啊
比重瓶小姐的栓蓋上開了個洞，沒問題嗎？
當然沒問題。
事實上，這個洞在測定時很重要哩，請看！

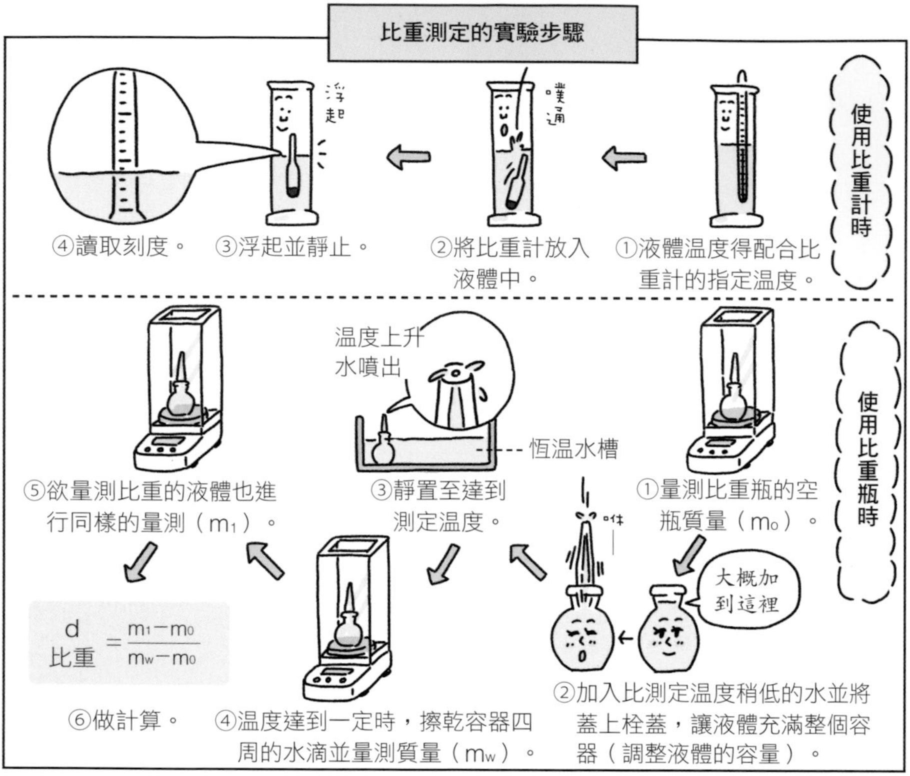
比重測定的實驗步驟
使用比重計時
①液體溫度得配合比重計的指定溫度。
②將比重計放入液體中。
噗通
③浮起並靜止。
浮起
④讀取刻度。
使用比重瓶時
①量測比重瓶的空瓶質量（m_0）。
大概加到這裡
②加入比測定溫度稍低的水並將蓋上栓蓋，讓液體充滿整個容器（調整液體的容量）。
咻
③靜置至達到測定溫度。
溫度上升水噴出
恆溫水槽
④溫度達到一定時，擦乾容器四周的水滴並量測質量（m_w）。
⑤欲量測比重的液體也進行同樣的量測（m_1）。
⑥做計算。
d 比重 $= \frac{m_1 - m_0}{m_w - m_0}$

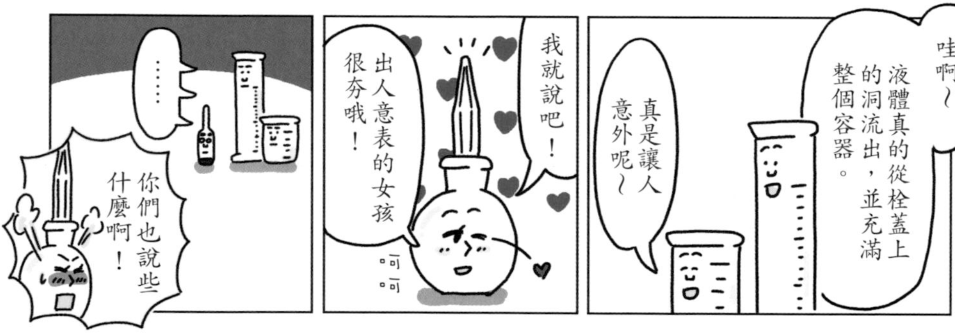
哇啊～
液體真的從栓蓋上的洞流出，並充滿整個容器。
真是讓人意外呢～
我就說吧！
出人意表的女孩很夯哦！
呵呵
……
你們也說些什麼啊！

小時候有個題目：「1公斤的鐵和1公斤的棉花，哪個比較重？」這個問題或許至今還有。被問到時，慌張的回答：「因為棉花很輕……所以是鐵重！」於是招來一陣訕笑，因為「兩個都是1公斤重啊～」。可是如果問的是「哪個質量比較大？」，正確的答案是「棉花」。密度小、體積大的棉花，在空氣中受到的浮力比鐵還大（所以變輕）。因此，若同樣是1公斤重，那麼經過計算，棉花的質量就會比較大。

燒杯君備忘錄

▾**比重是密度的比較。**

量測硬幣密度的實驗

實驗目的

・求出硬幣的密度。

實驗步驟

①準備硬幣。
②量測各硬幣的質量。
③先在量筒中倒入適量的水。
④放入硬幣後，讀取刻度。
⑤對各種硬幣都做一遍。
⑥計算密度。

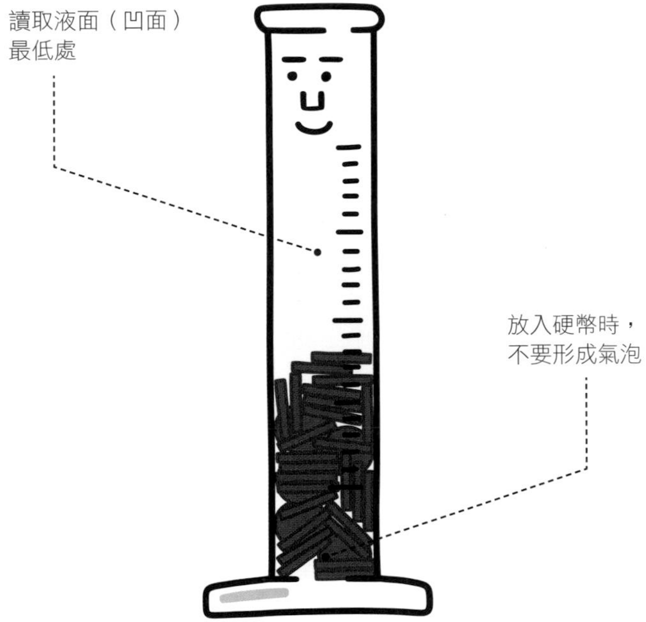
讀取液面（凹面）
最低處
放入硬幣時，
不要形成氣泡

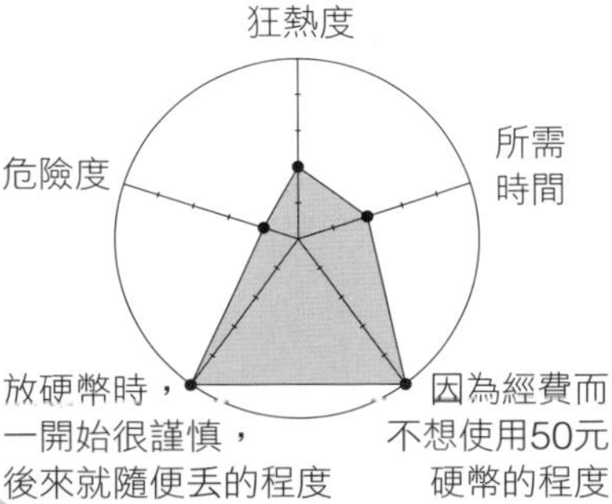
狂熱度
所需
時間
因為經費而
不想使用50元
硬幣的程度
放硬幣時，
一開始很謹慎，
後來就隨便丟的程度
危險度

一點小小的忠告
Onepoint
Advice

「硬幣的數量如果太少，
精準度會下降喔！」

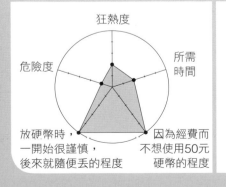

量測液體比重的實驗

實驗目的

・利用比重瓶來量測液體的比重。

實驗步驟

①在空瓶的狀態下量測質量。
②加水並蓋上栓蓋。
③放進恆溫水槽中，直到達到定溫。
④擦乾容器四周的水並量測質量。
⑤欲量測比重的液體也進行同樣的量測與計算。

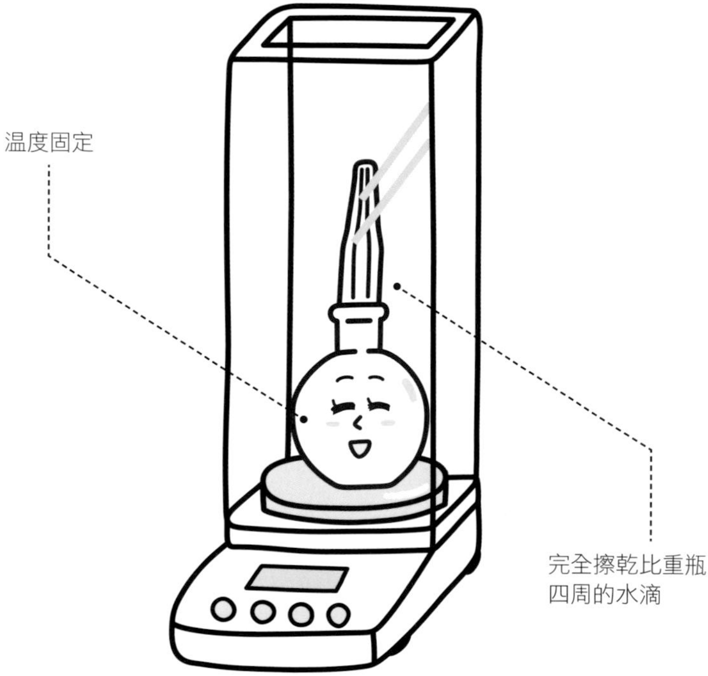
溫度固定
完全擦乾比重瓶四周的水滴

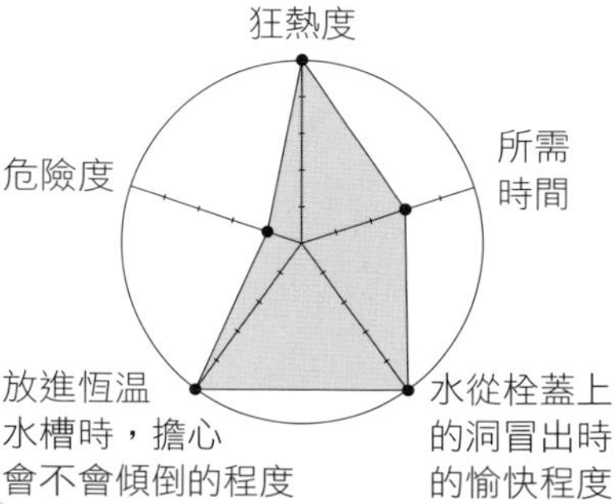
狂熱度
所需時間
水從栓蓋上的洞冒出時的愉快程度
放進恆溫水槽時，擔心會不會傾倒的程度
危險度

一點小小的忠告
Onepoint Advice

「比重會隨溫度而變化，
所以要注意溫度設定。」

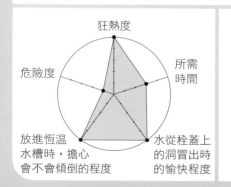

比重計君

正式名稱 比重計（hydrometer）

擅長技能 量測液體的比重。

個性特色 有 19 位測定不同範圍的兄弟。

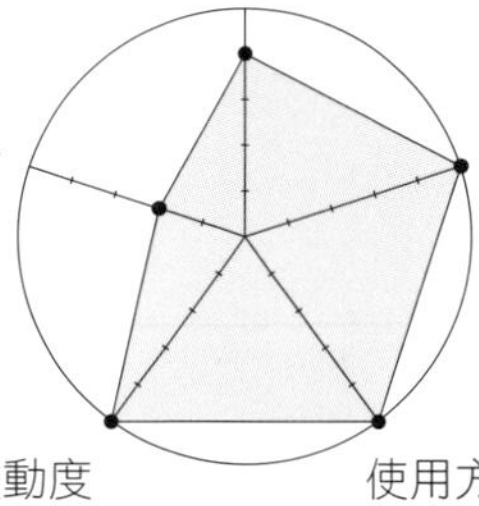
狂熱度
易破損度
使用方法的簡單程度
易滾動度
價格

玻璃製
刻度
鉛塊

比重瓶小姐

正式名稱 給呂薩克比重瓶（Gay-Lussac pycnometer）

擅長技能 量測液體的比重。

個性特色 有 4 位不同容量的姐妹。

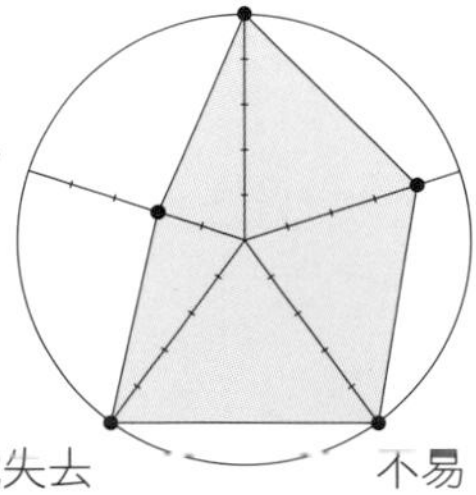
狂熱度
易破損度
不易清洗度
不能失去栓蓋的程度
價格

頂端開了個洞
中間是空心的栓蓋

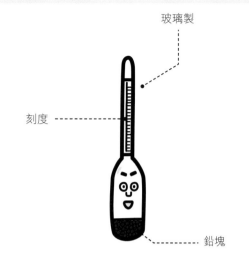

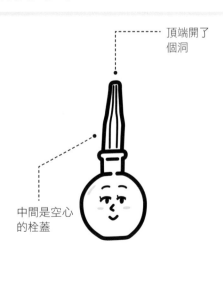

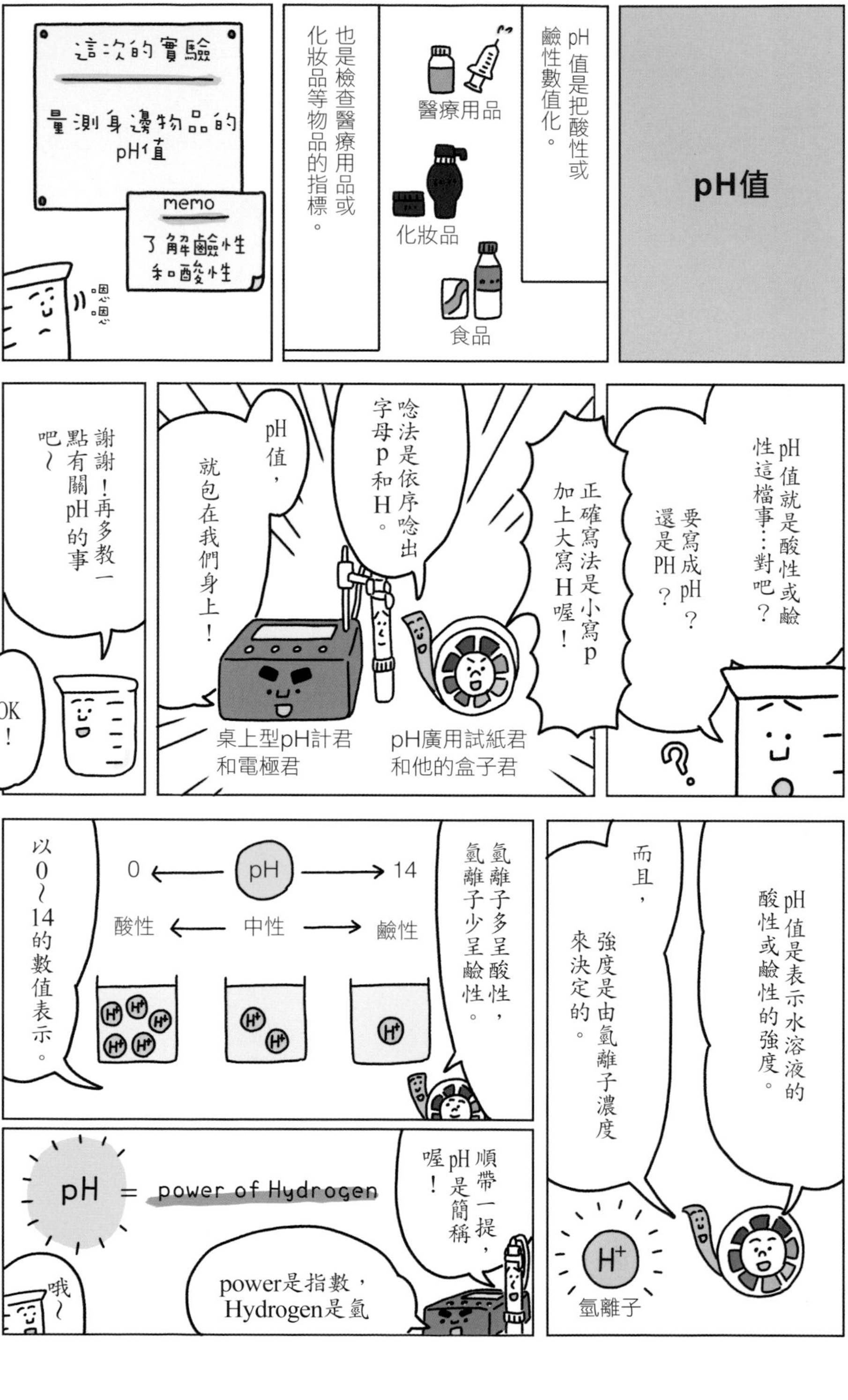
pH值
pH值是把酸性或鹼性數值化。
醫療用品
化妝品
食品
也是檢查醫療用品或化妝品等物品的指標。
這次的實驗
量測身邊物品的pH值
memo
了解鹼性和酸性
嗯嗯
pH值就是酸性或鹼性這檔事…對吧？
要寫成pH？還是PH？
正確寫法是小寫p加上大寫H喔！
唸法是依序唸出字母p和H。
pH值，就包在我們身上！
桌上型pH計君和電極君
pH廣用試紙君和他的盒子君
謝謝！再多教一點有關pH的事吧～
OK！
pH值是表示水溶液的酸性或鹼性的強度。
而且，強度是由氫離子濃度來決定的。
H+
氫離子
氫離子多呈酸性，氫離子少呈鹼性。
0 ← pH → 14
酸性 ← 中性 → 鹼性
以0～14的數值表示。
順帶一提，pH是簡稱喔！
pH = power of Hydrogen
power是指數，Hydrogen是氫
哦～

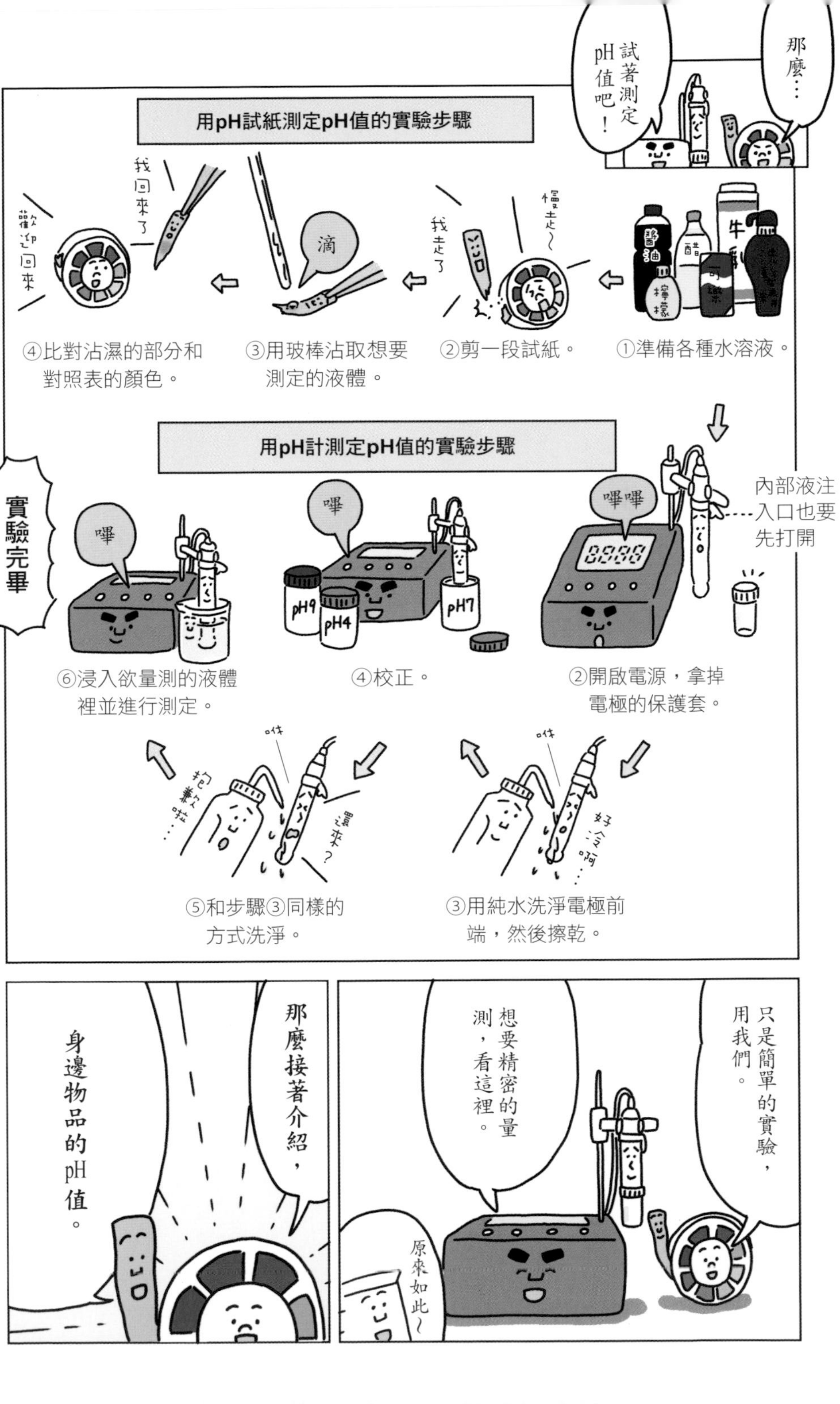
那麼…
試著測定pH值吧！
用pH試紙測定pH值的實驗步驟
醬油
醋
牛
檸檬
可樂
①準備各種水溶液。
我走了
慢走～
②剪一段試紙。
滴
③用玻棒沾取想要測定的液體。
我回來了
歡迎回來
④比對沾濕的部分和對照表的顏色。
用pH計測定pH值的實驗步驟
嗶嗶
內部液注入口也要先打開
②開啟電源，拿掉電極的保護套。
咻
好冷啊…
③用純水洗淨電極前端，然後擦乾。
嗶
pH9
pH4
pH7
④校正。
咻
抱歉啦…
還來？
⑤和步驟③同樣的方式洗淨。
嗶
⑥浸入欲量測的液體裡並進行測定。
實驗完畢
只是簡單的實驗，用我們。
想要精密的量測，看這裡。
原來如此～
那麼接著介紹，
身邊物品的pH值。

身邊物品的pH值

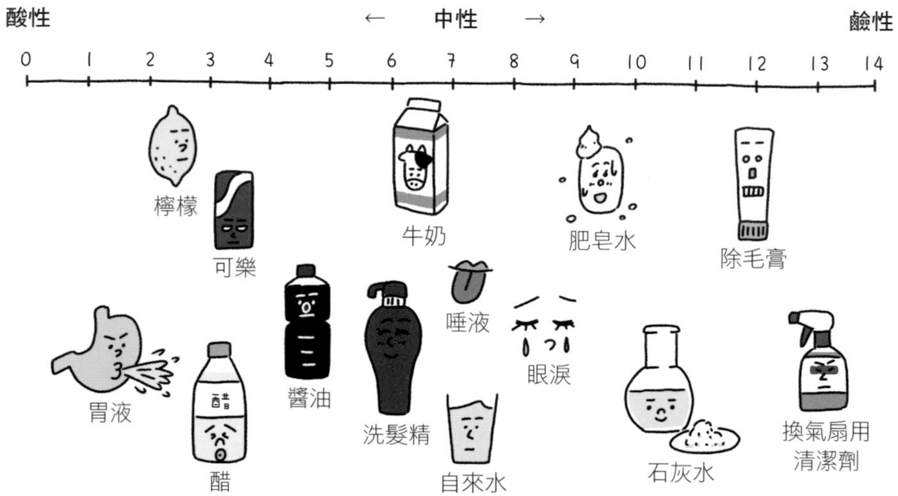

本頁的三格漫畫純屬玩笑（汗）。我很喜歡pH試紙君和他的盒子君。理由非常簡單，就是「色彩齊備，顏色非常美麗！」。pH試紙因測定範圍而有許多種類，顏色變化的範圍一如文字所示，充滿各種色彩而且種類相當齊全。只是，試紙君雖然沒有賞味期限，但有使用期限。放太久的pH試紙不會有明顯的色彩變化，甚至連印刷在盒子上的顏色對照表也會漸漸變色。變成垃圾的pH試紙就像抽屜裡成堆的死屍，令人垂淚。

燒杯君備忘錄

▼pH值與氫離子的量有關。

用pH試紙測定pH值的實驗

實驗目的

- **利用pH試紙來量測各種水溶液的pH值。**

實驗步驟

①準備各種水溶液。
②剪一段試紙。
③用玻棒將想調查的液體沾取到試紙上。
④比對沾濕的部分和對照表的顏色。

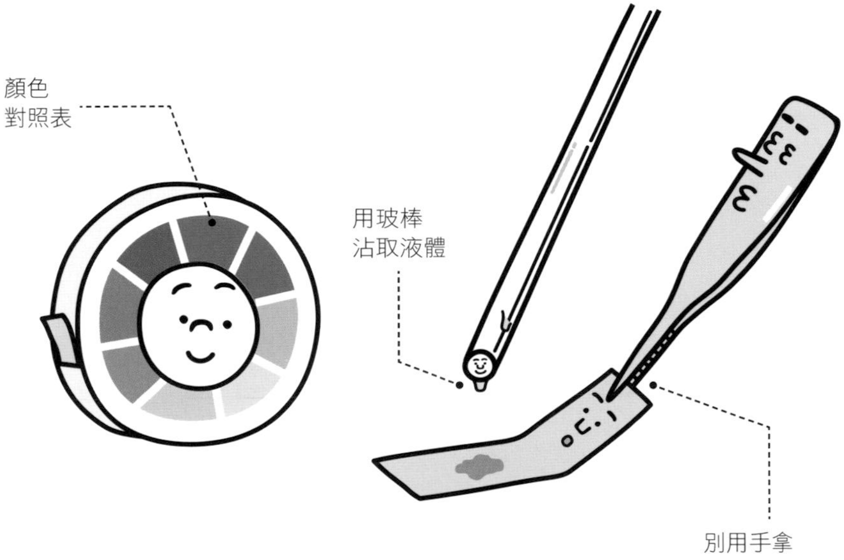
顏色
對照表
用玻棒
沾取液體
別用手拿

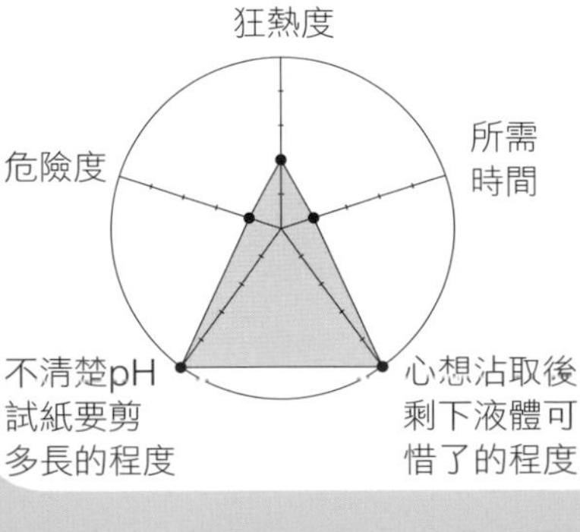
狂熱度
所需
時間
心想沾取後
剩下液體可
惜了的程度
不清楚pH
試紙要剪
多長的程度
危險度

一點小小的忠告
Onepoint
Advice

「沾取液體後，
要立刻比對顏色對照表
（時間一長，
顏色又變了）。」

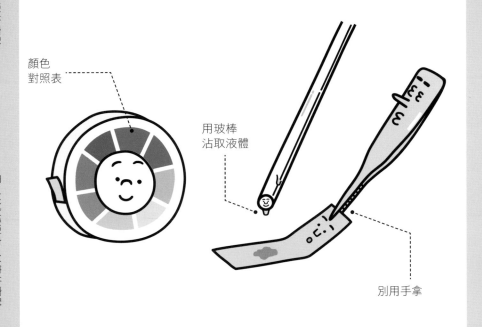

用pH計測定pH值的實驗

實驗目的

- **利用pH計來量測各種水溶液的pH值。**

實驗步驟

①準備各種水溶液。
②開啟電源，拿掉保護套。
③用純水洗淨電極並擦乾。
④校正。
⑤將電極浸入欲量測的液體中並測定。

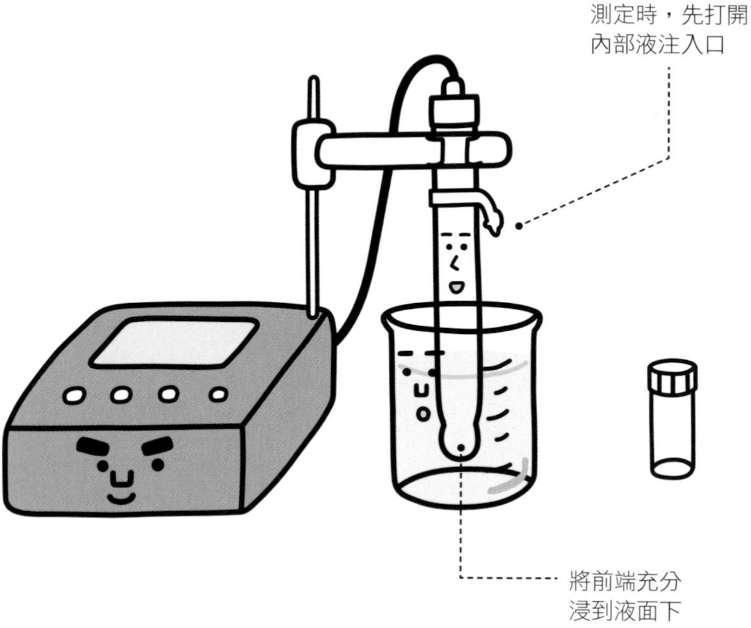
測定時，先打開
內部液注入口
將前端充分
浸到液面下

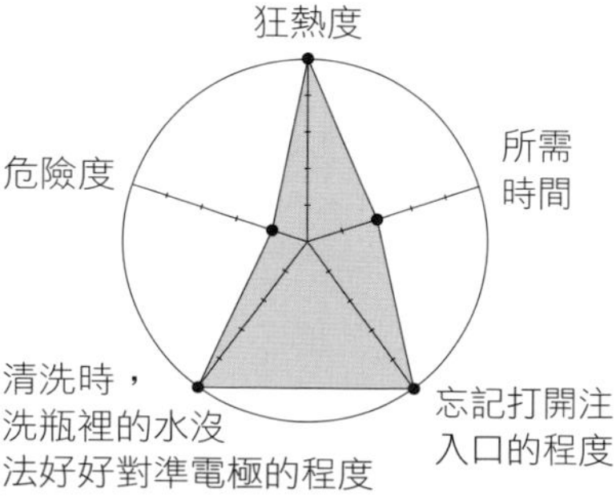
狂熱度
所需
時間
忘記打開注
入口的程度
清洗時，
洗瓶裡的水沒
法好好對準電極的程度
危險度

一點小小的忠告
Onepoint Advice

「電極部分容易破損，要特別注意。」

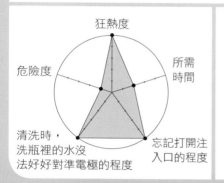

桌上型pH計君和電極君

正式名稱　pH計（pH meter）

擅長技能　量測pH值。

個性特色　一絲不苟的pH計君和纖細的電極君的組合。

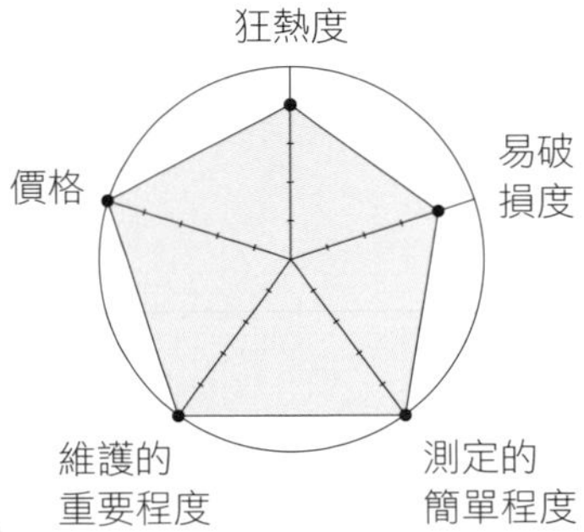
狂熱度
易破損度
測定的簡單程度
維護的重要程度
價格

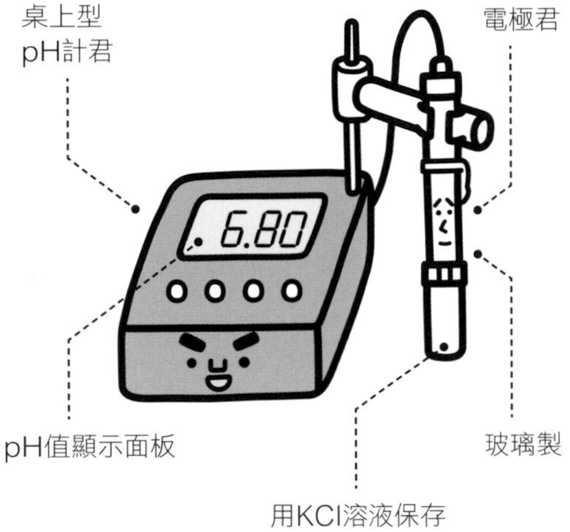
桌上型pH計君
電極君
6.80
pH值顯示面板
玻璃製
用KCl溶液保存

{身邊的pH值變化}

酸雨

硫化物和氮氧化物被雲帶走後，會形成pH值低的雨。

檸檬

紅茶的退色現象

紅茶所含的色素（茶黃素），在pH值變低時顏色會變淡。

嘶嘶

消失筆

含有pH值下降就會變透明的色素成分。塗在紙上後，色素和空氣中的二氧化碳發生反應，pH值就會下降而變成透明了。

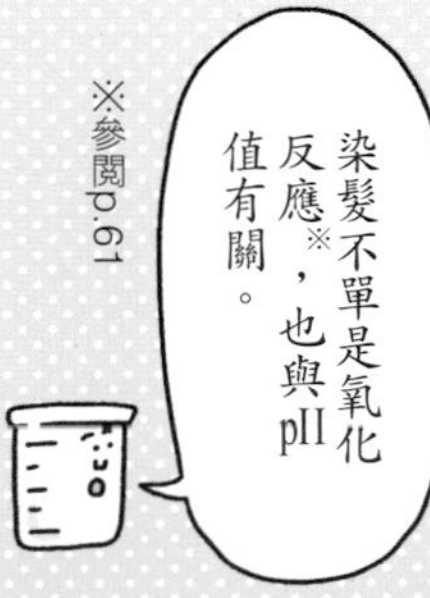
染髮不單是氧化反應※，也與pH值有關。

※參閱p.61

染髮

色素成分在鹼性環境下，較容易浸透到毛髮中。

藍染

藍色的色素成分在鹼性時會溶於水。因此提高pH值，水溶液變成鹼性時再進行染色。

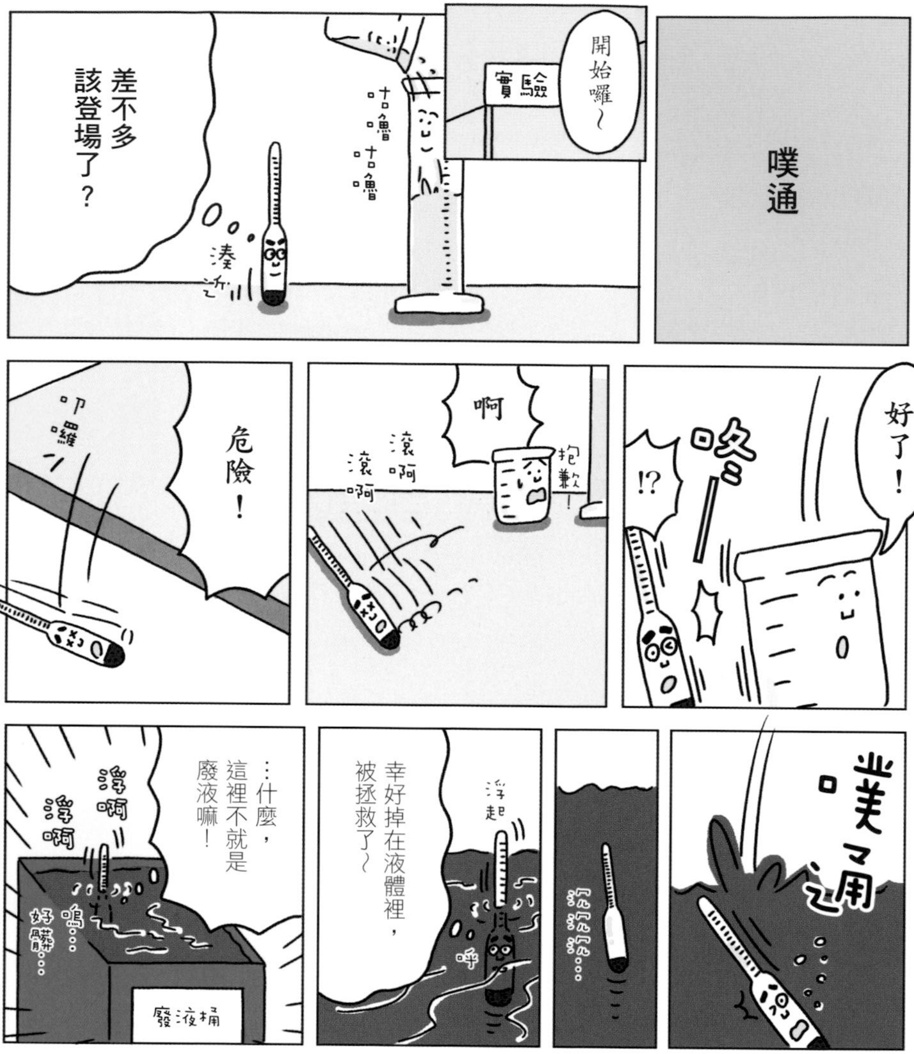
噗通
開始囉~
實驗
咕嚕
咕嚕
差不多該登場了?
湊近
好了!
咚—
!?
啊
抱歉!
滾啊
滾啊
危險!
叩囉
掉落~
噗通
沉沉沉……
浮起
幸好掉在液體裡,被拯救了~
呼
…什麼,這裡不就是廢液嘛!
浮啊
浮啊
嗚……
好髒……
廢液桶

量測的實驗

噗通

燒杯君備忘錄

▼也有危險的廢液,所以要注意。

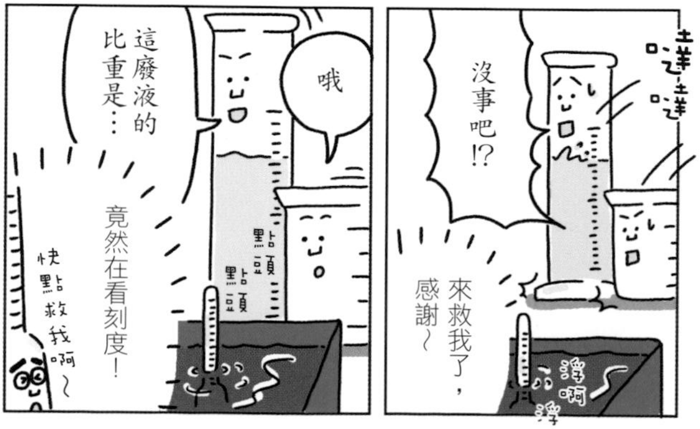
噠噠
沒事吧!?
來救我了,感謝~
浮啊
浮啊
這廢液的比重是…
哦
點頭
點頭
竟然在看刻度!
快點救我啊~

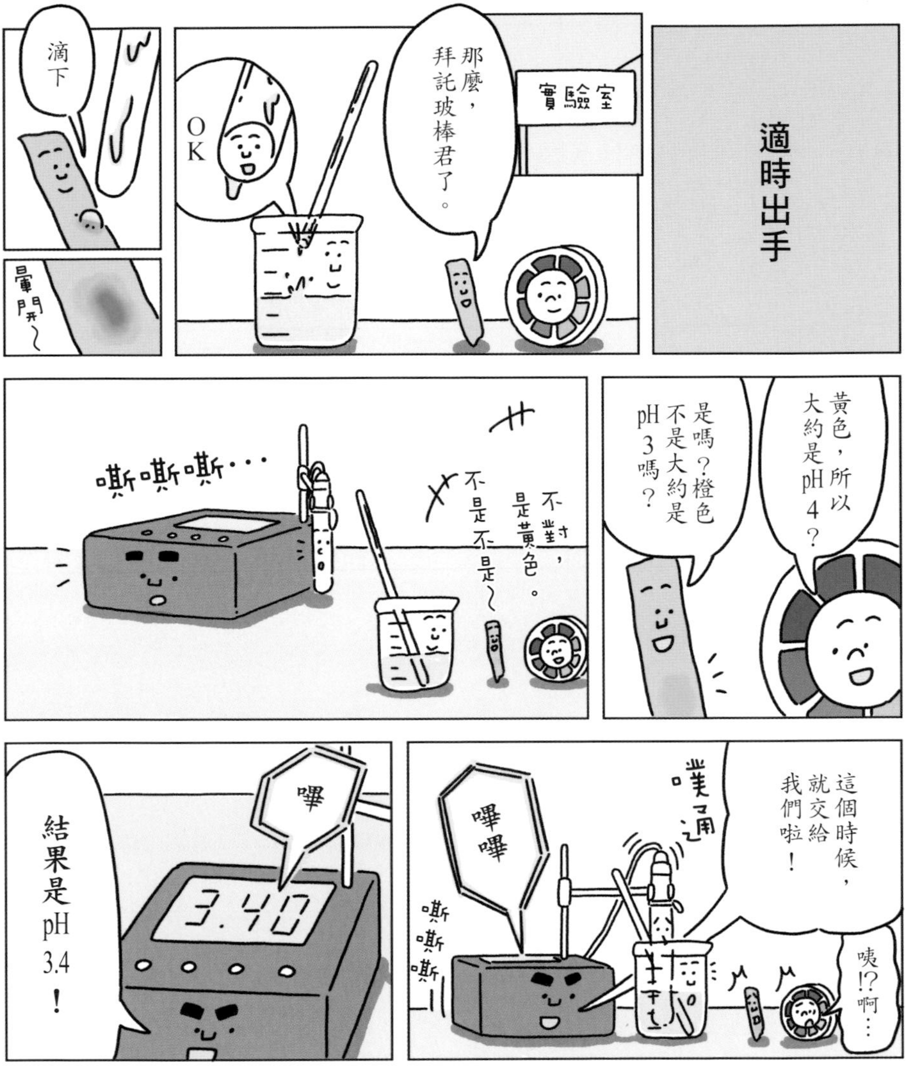
適時出手
實驗室
那麼，拜託玻棒君了。
OK
滴下
暈開～
黃色，所以大約是pH 4？
是嗎？橙色不是大約是pH 3嗎？
不對，是黃色。
不是不是～
嘶嘶嘶…
這個時候，就交給我們啦！
噗通
嗶嗶
嘶嘶嘶
咦!?啊…
嗶
3.40
結果是pH 3.4！

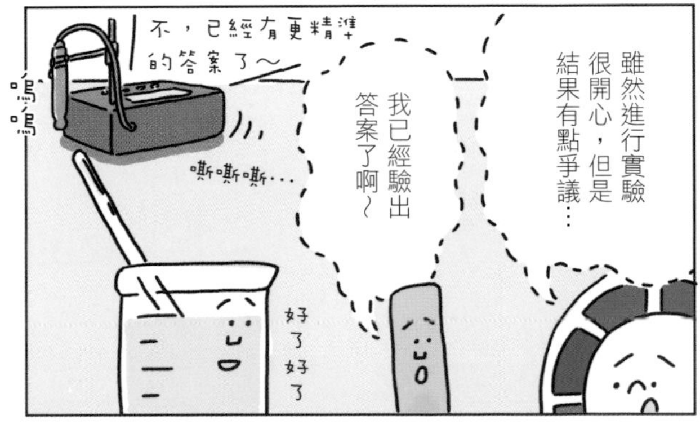
雖然進行實驗很開心，但是結果有點爭議…
我已經驗出答案了啊～
不，已經有更精準的答案了～
嗚嗚
嘶嘶嘶…
好了好了

燒杯君備忘錄

▸使用pH計君的話，馬上就能搞定。

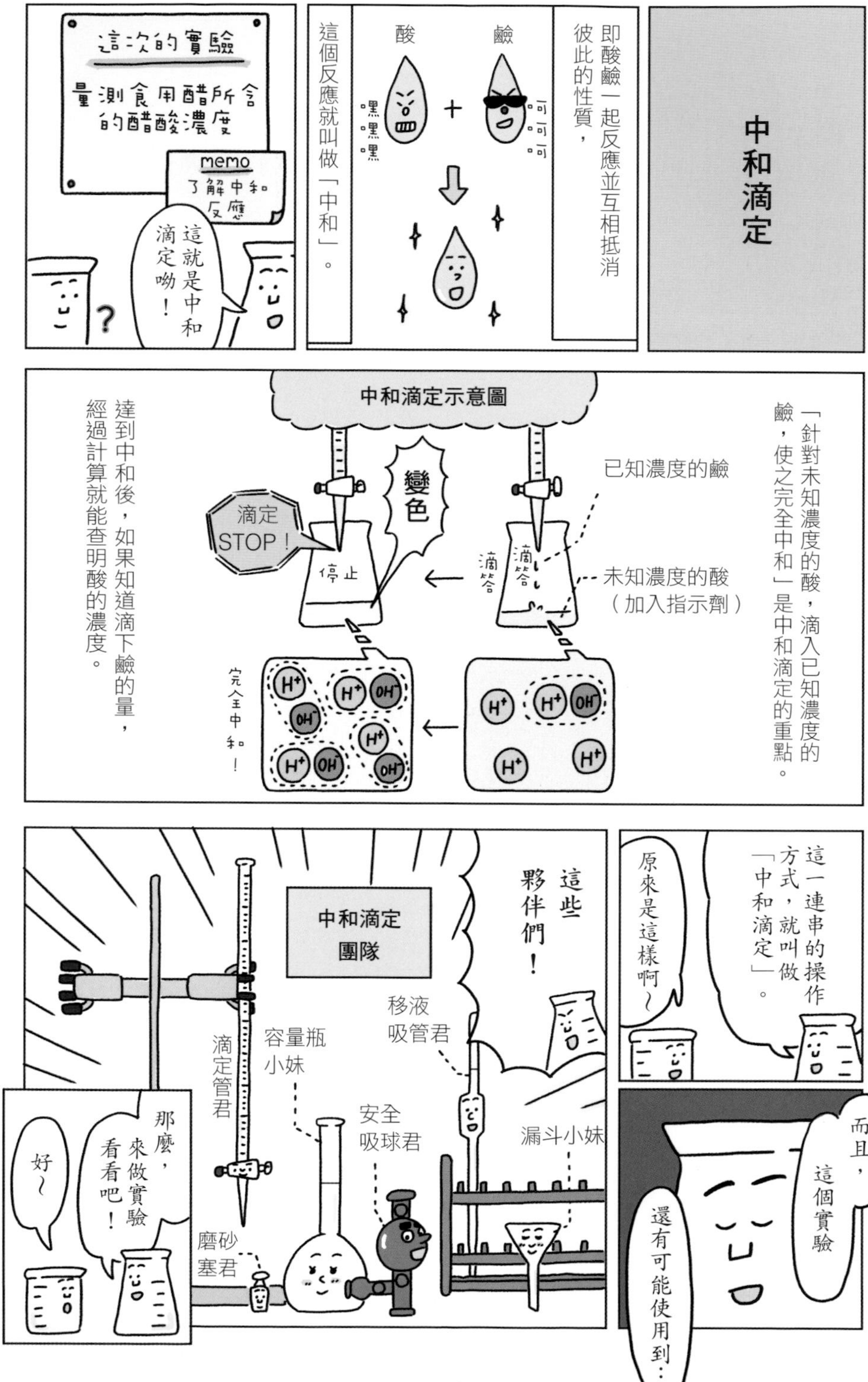
中和滴定
即酸鹼一起反應並互相抵消彼此的性質，
酸
鹼
嘿嘿嘿
呵呵呵
這個反應就叫做「中和」。
這次的實驗
量測食用醋所含的醋酸濃度
memo
了解中和反應
這就是中和滴定呦！
「針對未知濃度的酸，滴入已知濃度的鹼，使之完全中和」是中和滴定的重點。
中和滴定示意圖
已知濃度的鹼
未知濃度的酸（加入指示劑）
滴答滴答
變色
滴定STOP！
停止
H^+
OH^-
完全中和！
達到中和後，如果知道滴下鹼的量，經過計算就能查明酸的濃度。
這一連串的操作方式，就叫做「中和滴定」。
原來是這樣啊～
這些夥伴們！
中和滴定團隊
移液吸管君
容量瓶小妹
滴定管君
安全吸球君
漏斗小妹
磨砂塞君
而且，這個實驗
還有可能使用到…
那麼，來做實驗看看吧！
好～

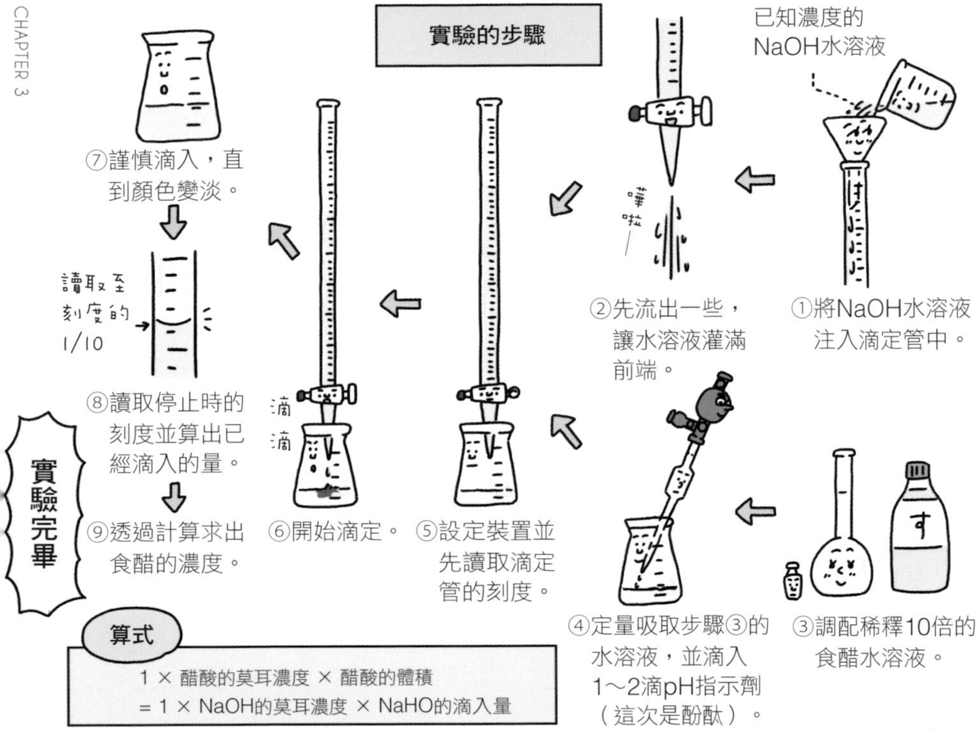
實驗的步驟
已知濃度的
NaOH水溶液
①將NaOH水溶液注入滴定管中。
嘩啦
②先流出一些，讓水溶液灌滿前端。
す
③調配稀釋10倍的食醋水溶液。
④定量吸取步驟③的水溶液，並滴入1～2滴pH指示劑（這次是酚酞）。
⑤設定裝置並先讀取滴定管的刻度。
滴滴
⑥開始滴定。
⑦謹慎滴入，直到顏色變淡。
讀取至刻度的1/10
⑧讀取停止時的刻度並算出已經滴入的量。
⑨透過計算求出食醋的濃度。
實驗完畢

算式

1 × 醋酸的莫耳濃度 × 醋酸的體積
= 1 × NaOH的莫耳濃度 × NaHO的滴入量

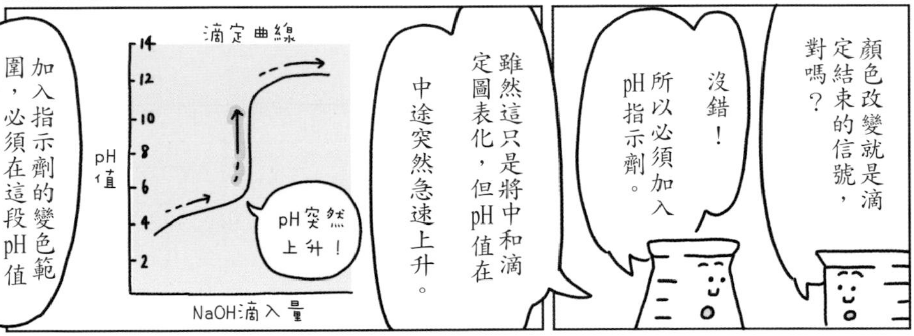
顏色改變就是滴定結束的信號，對嗎？
沒錯！
所以必須加入pH指示劑。
雖然這只是將中和滴定圖表化，但pH值在中途突然急速上升。
滴定曲線
pH值
14
12
10
8
6
4
2
NaOH滴入量
pH突然上升！
加入指示劑的變色範圍，必須在這段pH值驟升的範圍內。

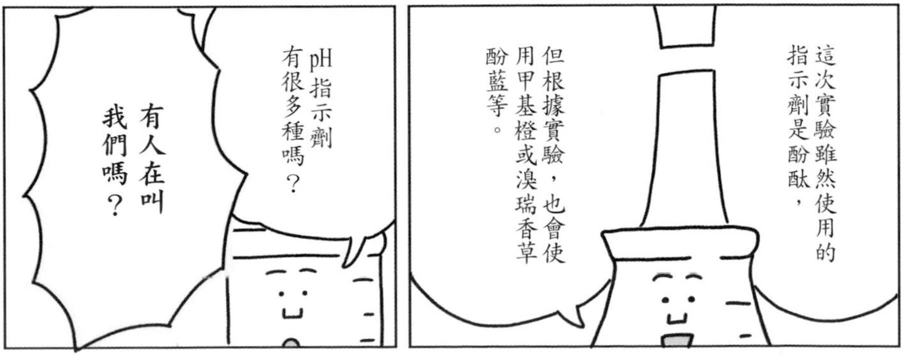
這次實驗雖然使用的指示劑是酚酞，
但根據實驗，也會使用甲基橙或溴瑞香草酚藍等。
pH指示劑有很多種嗎？
有人在叫我們嗎？

酚酞，變色範圍是pH 8.0～9.8
溴瑞香草酚藍，變色範圍是pH 6.0～7.6
甲基橙，變色範圍是pH 3.1～4.4
我們是pH指示劑3人組
pH值一改變，就有變色的能力～
好厲害的能力～
pH指示劑3人組
奇怪？
只有酚酞君的名字裡，沒有顯示出色彩～
尷尬
注意到了…
啊，抱歉……

雖然安全，可是說起驚悚的化學實驗，仍然首推中和滴定。對照屹立不搖的滴定管君的帥氣和錐形燒杯君的可愛，中和滴定是個「先是1滴、接著半滴、再來是四分之一滴……」那種沒完沒了、持續處於緊張狀態的實驗。過度滴入，使酚酞變成正紅色的瞬間，所帶來的無力感是很龐大的（因為得從頭開始做了）。因為這樣，它是一個若能順利進行，就會讓人格外開心的實驗。

燒杯君備忘錄

▼pH指示劑對中和滴定很重要。

pH指示劑3人組

正式名稱 pH指示劑（pH indicator）

擅長技能 顯示pH值的變化。

個性特色 在數種指示劑中，特別活躍的人氣組合。

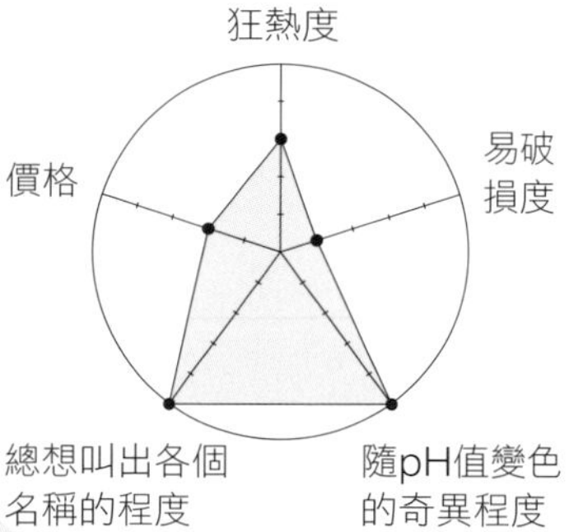
狂熱度
易破損度
隨pH值變色的奇異程度
總想叫出各個名稱的程度
價格

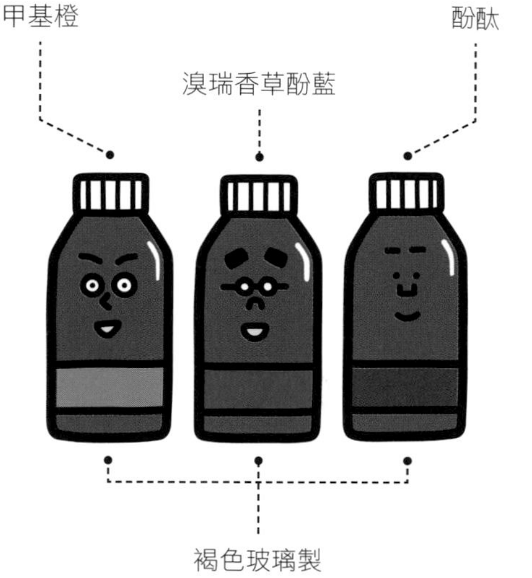
甲基橙
溴瑞香草酚藍
酚酞
褐色玻璃製

{ 指示劑顯示的色彩與pH值的關係 }

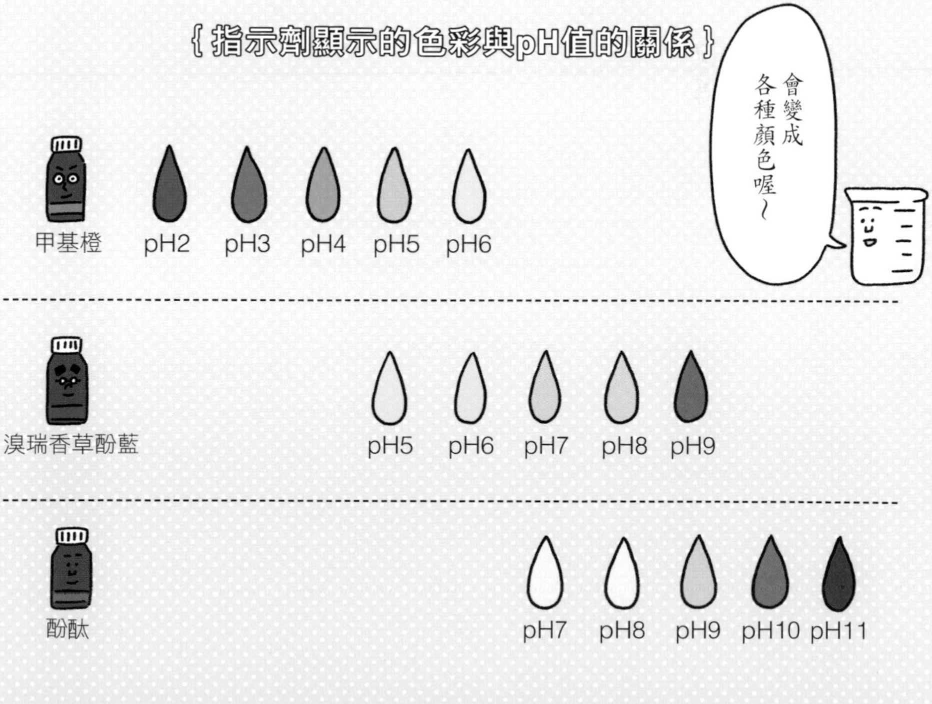
會變成各種顏色喔～
甲基橙
pH2 pH3 pH4 pH5 pH6
溴瑞香草酚藍
pH5 pH6 pH7 pH8 pH9
酚酞
pH7 pH8 pH9 pH10 pH11

食醋中的醋酸濃度測定實驗

實驗目的

・**藉中和滴定求出未知的醋酸濃度。**

實驗步驟

①將NaOH水溶液裝滿滴定管前端。

②定量吸取稀釋的食醋水溶液，並先加入酚酞。

③設定裝置，開始滴定。

④出現淡淡顏色時，滴定結束。

⑤算出滴入的量，並進行計算。

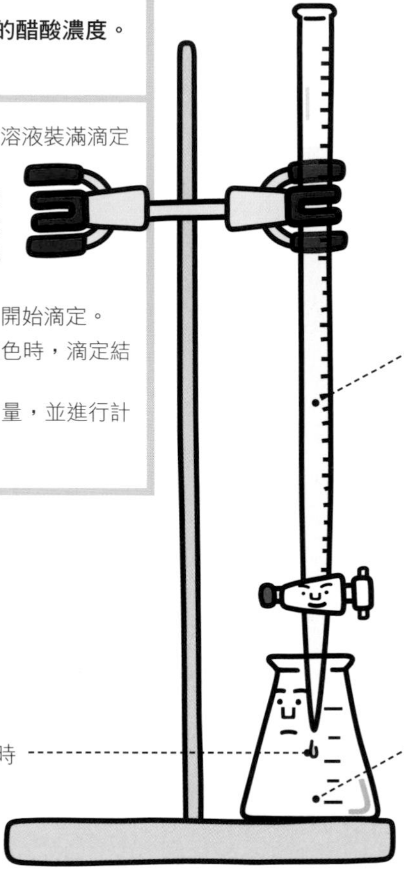
確認沒有氣泡跑進去
先加入酚酞（指示劑）
接近中和點時需特別謹慎

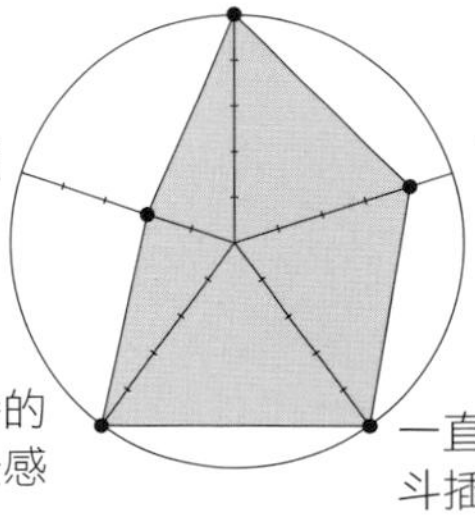
狂熱度
所需時間
一直想把漏斗插在滴定管上的程度
滴定時的不安全感
危險度

一點小小的忠告
Onepoint Advice

「用錐形瓶君

取代錐形燒杯君

也OK。」

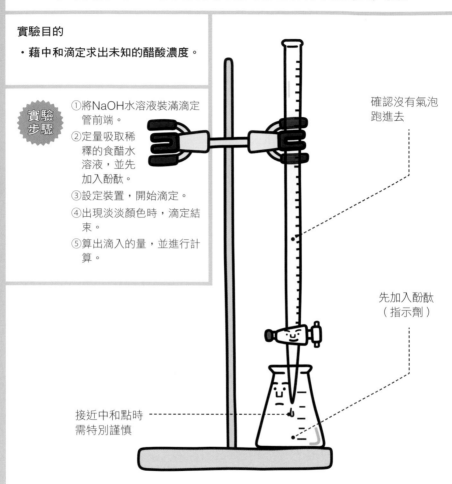

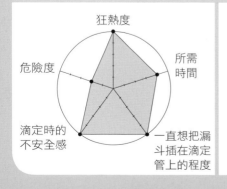

{ 中和滴定的注意要點 }

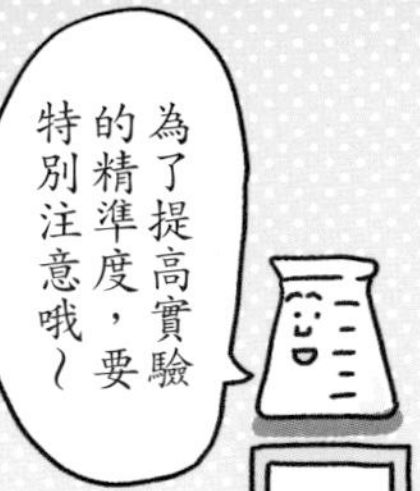
為了提高實驗的精準度，要特別注意哦～

潤洗

「潤洗」是實驗的準備工作，指的是將實驗中要使用的器具，先用待裝的溶液沖洗器具內部2～3遍的過程。有些東西需要潤洗，有些則不需要。

即使被水弄濕，也無需潤洗的器材。

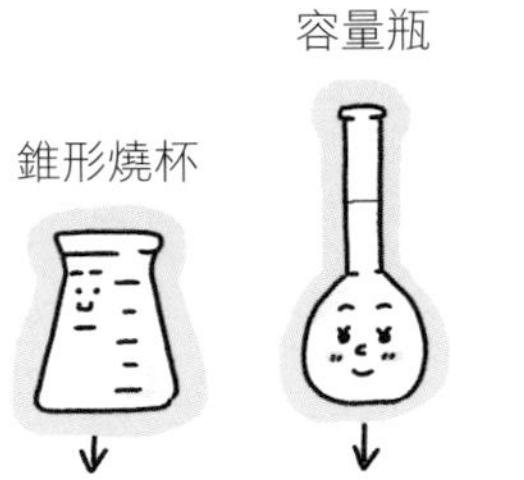
容量瓶
錐形燒杯

錐形燒杯：因溶質的量不變，所以不影響結果。

容量瓶：加入純水來調配濃度。

一旦被水弄濕，就得潤洗的器材。

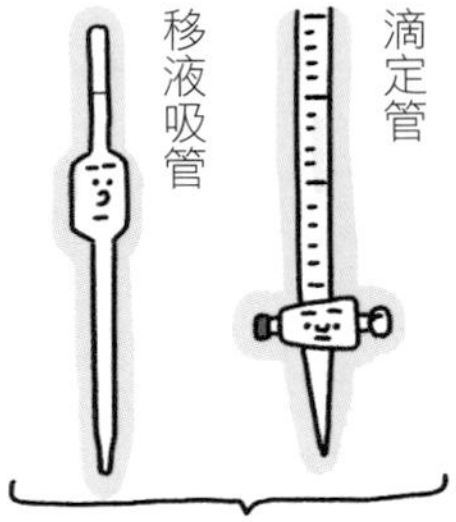
移液吸管
滴定管

因為水溶液的濃度發生變化，會影響實驗結果。

pH指示劑的選擇方法

根據酸和鹼的組合，所使用的指示劑也要跟著改變。

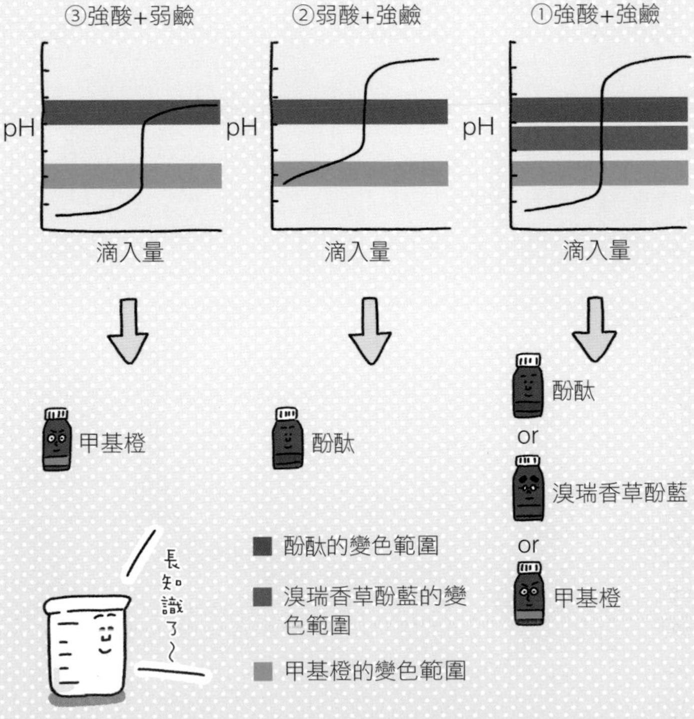
③強酸+弱鹼
②弱酸+強鹼
①強酸+強鹼
pH
滴入量
甲基橙
酚酞
酚酞
or
溴瑞香草酚藍
or
甲基橙
酚酞的變色範圍
溴瑞香草酚藍的變色範圍
甲基橙的變色範圍
長知識了～

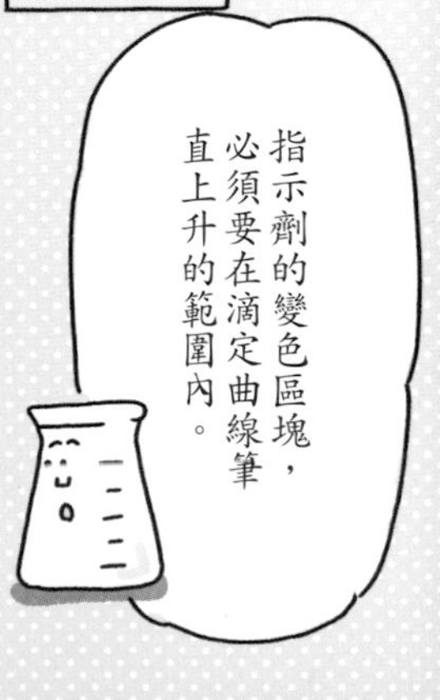
指示劑的變色區塊，必須要在滴定曲線筆直上升的範圍內。

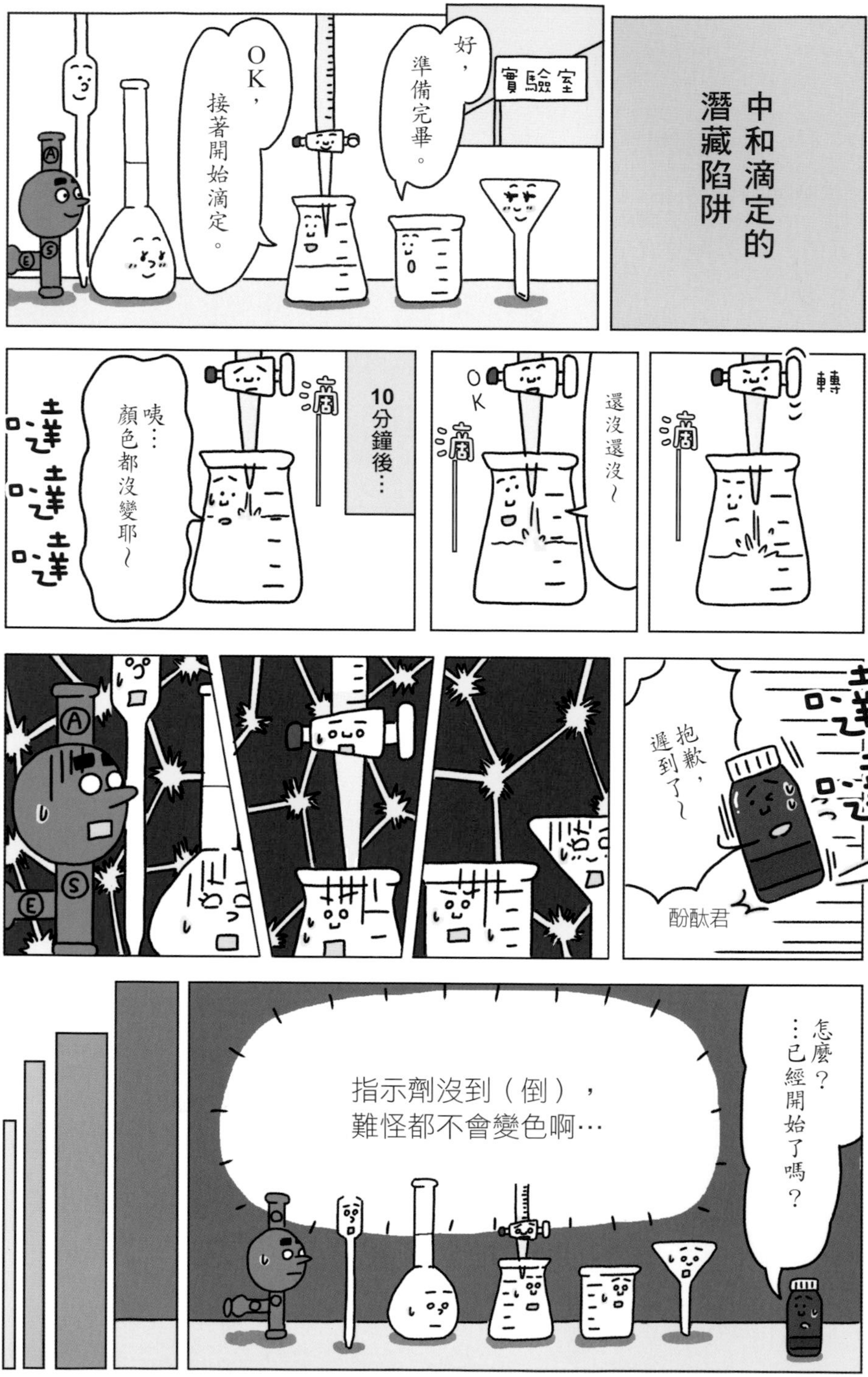
中和滴定的潛藏陷阱
實驗室
好，準備完畢。
OK，接著開始滴定。
轉
滴
還沒還沒～
OK
滴
10分鐘後…
滴
咦…顏色都沒變耶～
噠噠噠
噠噠
抱歉，遲到了～
酚酞君
怎麼？…已經開始了嗎？
指示劑沒到（倒），難怪都不會變色啊…

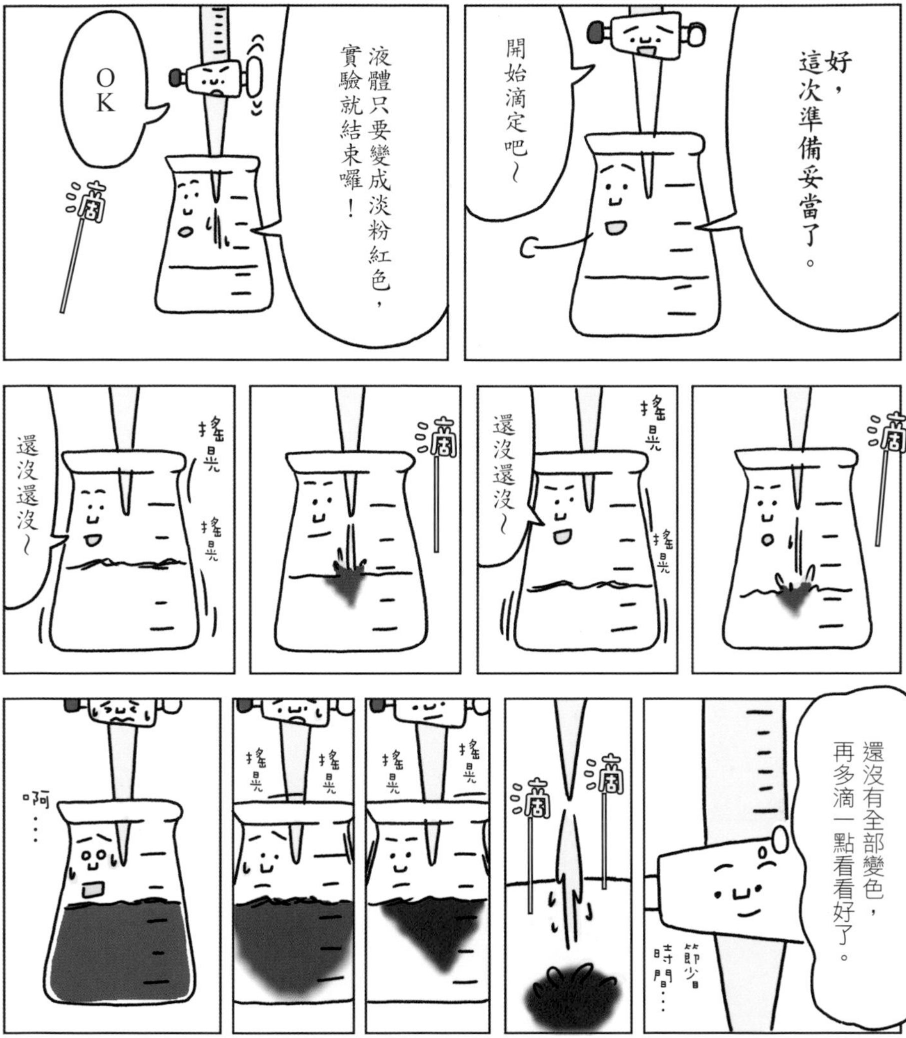
好，這次準備妥當了。
開始滴定吧～
液體只要變成淡粉紅色，實驗就結束囉！
OK
滴
滴
搖晃
搖晃
還沒還沒～
滴
搖晃
搖晃
還沒還沒～
還沒有全部變色，再多滴一點看看好了。
節省時間…
滴
滴
搖晃
搖晃
搖晃
搖晃
啊…

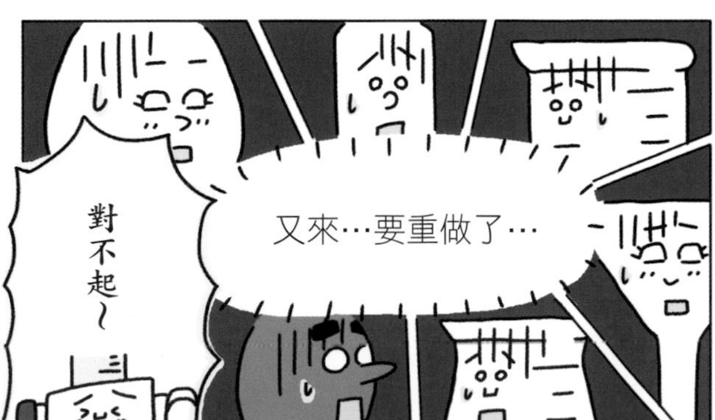
又來…要重做了…
對不起～

燒杯君備忘錄

▼滴過頭，就會變成無法得到正確實驗結果的深紫色。

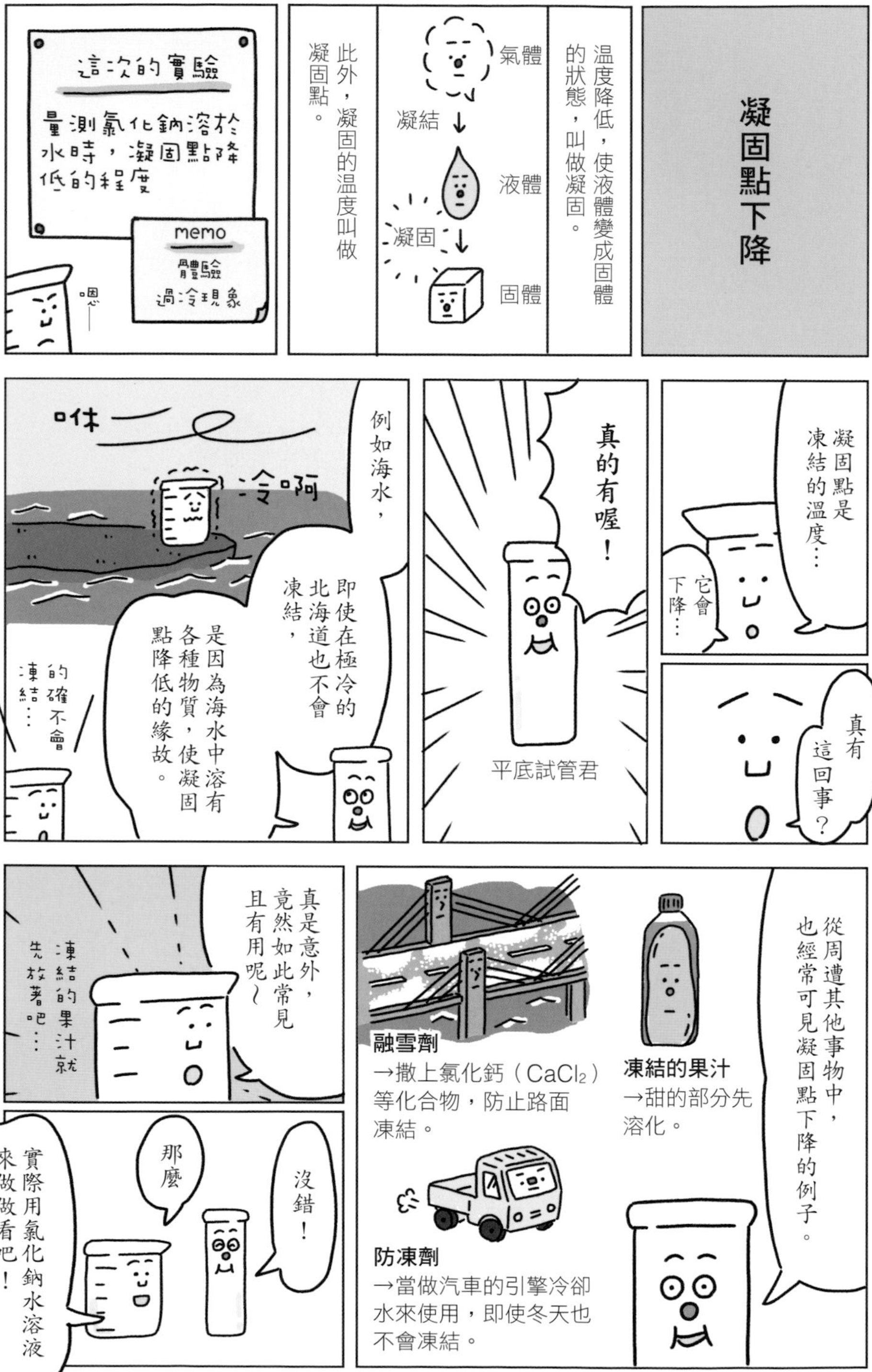
凝固點下降
溫度降低，使液體變成固體的狀態，叫做凝固。
氣體
凝結
液體
凝固
固體
此外，凝固的溫度叫做凝固點。
這次的實驗
量測氯化鈉溶於水時，凝固點降低的程度
memo
體驗過冷現象
嗯——
凝固點是凍結的溫度…
它會下降…
真有這回事？
真的有喔！
平底試管君
例如海水，
即使在極冷的北海道也不會凍結，
是因為海水中溶有各種物質，使凝固點降低的緣故。
咻——
冷啊
的確不會凍結…
從周遭其他事物中，也經常可見凝固點下降的例子。
融雪劑
→撒上氯化鈣（$CaCl_2$）等化合物，防止路面凍結。
凍結的果汁
→甜的部分先溶化。
防凍劑
→當做汽車的引擎冷卻水來使用，即使冬天也不會凍結。
真是意外，竟然如此常見且有用呢～
凍結的果汁就先放著吧…
沒錯！
那麼
實際用氯化鈉水溶液來做做看吧！

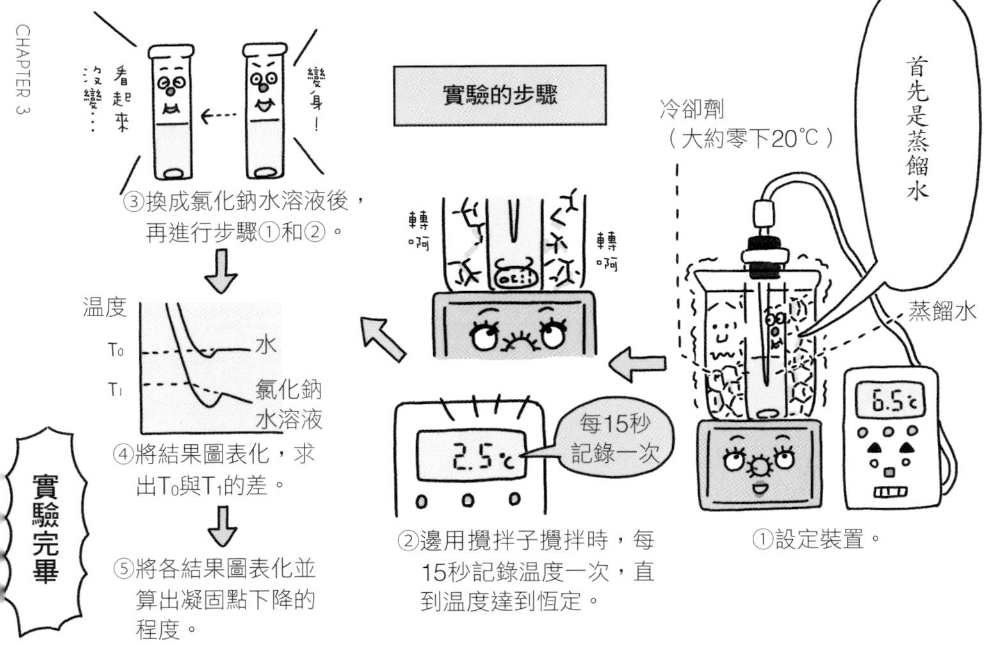
實驗的步驟
首先是蒸餾水
冷卻劑（大約零下20℃）
蒸餾水
6.5℃
①設定裝置。
轉啊
轉啊
2.5℃
每15秒記錄一次
②邊用攪拌子攪拌時，每15秒記錄溫度一次，直到溫度達到恆定。
溫度
T_0
T_1
水
氯化鈉水溶液
變身！
看起來沒變……
③換成氯化鈉水溶液後，再進行步驟①和②。
④將結果圖表化，求出T_0與T_1的差。
⑤將各結果圖表化並算出凝固點下降的程度。
實驗完畢

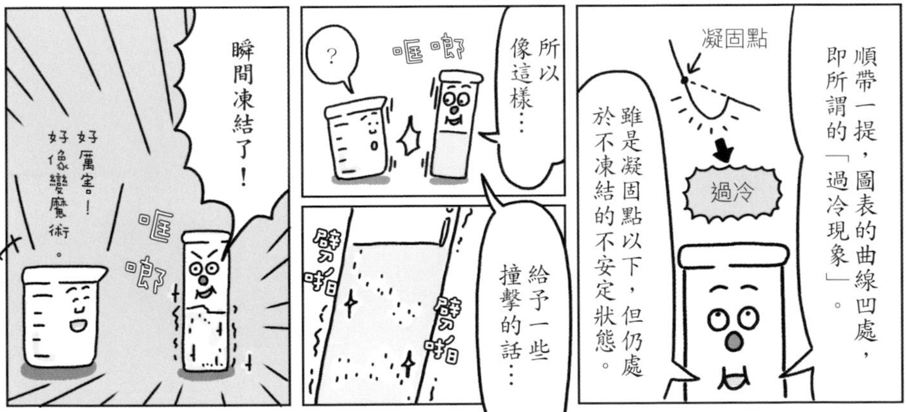
順帶一提，圖表的曲線凹處，即所謂的「過冷現象」。
凝固點
過冷
雖是凝固點以下，但仍處於不凍結的不安定狀態。
所以像這樣……
哐啷
?
給予一些撞擊的話……
劈啪
劈啪
瞬間凍結了！
哐啷
好厲害！好像變魔術。

將水保持在約零下4℃並靜置冷卻，液體將處於不凍結的「過冷」狀態。突然給它一個撞擊，讓它開始凍結的實驗，既神奇又有趣。但問題是該怎麼冷卻呢？因為冷凍庫通常是負18℃，冷卻過頭就會凍結。因此，要將食鹽充分溶於水，利用凝固點下降這一點。話雖如此，這次卻沒有凍結，汗（飽和食鹽水的凝固點是負22℃）。結論，用計時器來量測冷卻時間是最好的辦法……就成了這樣的結果。唉～

燒杯君備忘錄

▼海水不凍結是凝固點下降的緣故。

凝固點下降的測定實驗

實驗目的

- **溶解氯化鈉以調查凝固點下降幅度。**

實驗步驟

①將蒸餾水注入平底試管並設定裝置。
②一邊攪拌，每15秒測溫1次。
③氯化鈉水溶液也同樣這麼做。
④畫出圖表，求出凝固點的下降幅度。

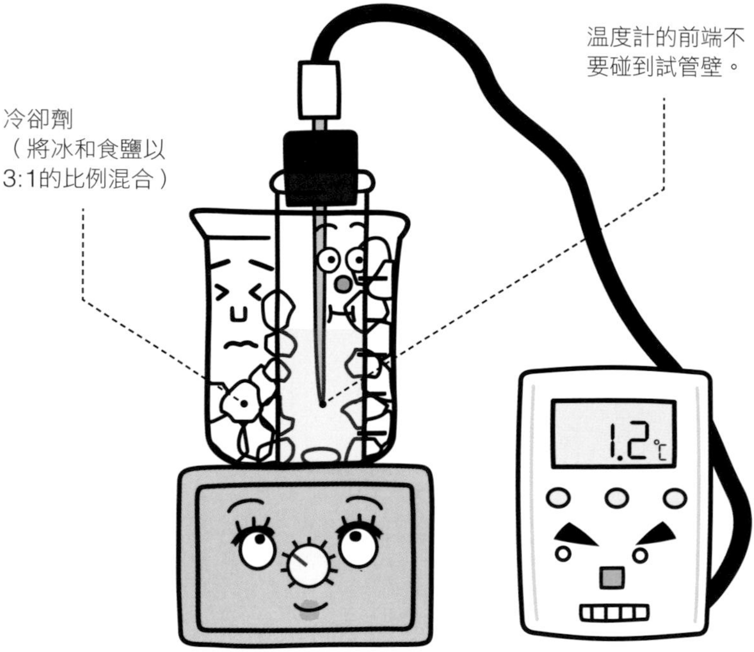

冷卻劑
（將冰和食鹽以3:1的比例混合）
溫度計的前端不要碰到試管壁。
1.2℃

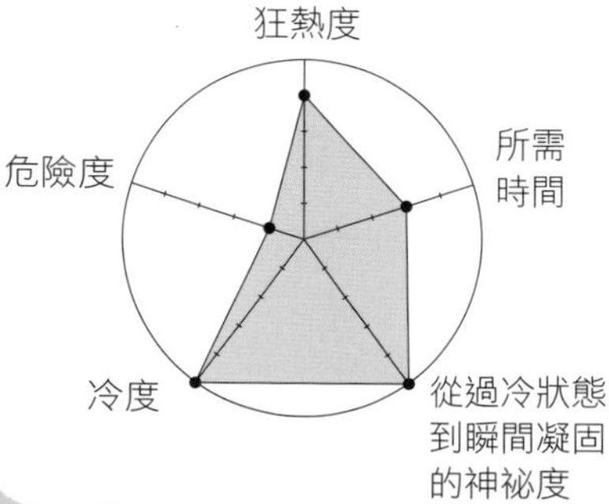

狂熱度
所需時間
從過冷狀態到瞬間凝固的神祕度
冷度
危險度

一點小小的忠告
Onepoint Advice

「注意別讓攪拌中的攪拌子碰到溫度計的前端。」

平底試管君

正式名稱 平底試管、培養試管（flat-bottom tube、culture tube）

擅長技能 在管內培養。

個性特色 試管兄弟的表兄弟。

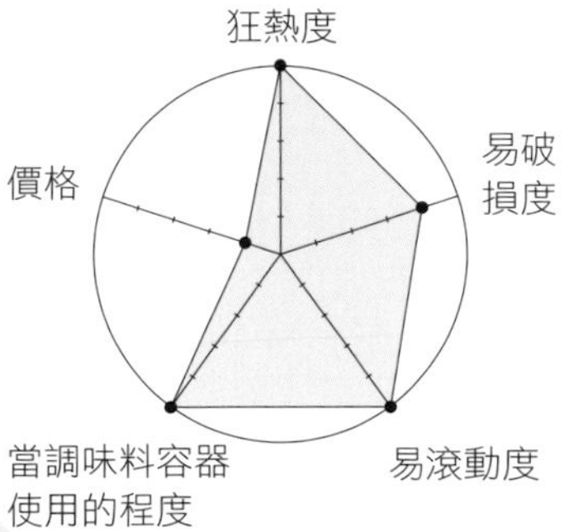
狂熱度
易破損度
易滾動度
當調味料容器使用的程度
價格

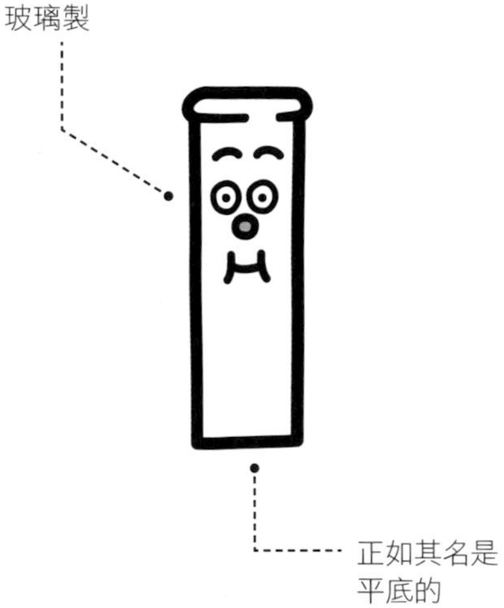
玻璃製
正如其名是平底的

小型電磁攪拌器小妹

正式名稱 小型電磁攪拌器（small magnetic stirrer）

擅長技能 藉磁力讓攪拌子旋轉。

個性特色 電磁攪拌器君的妹妹。

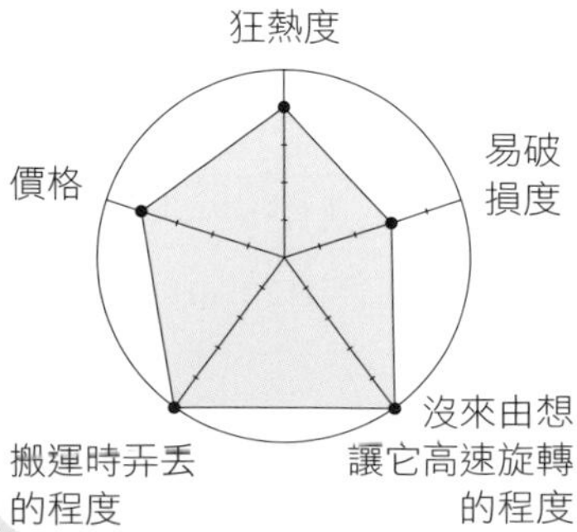
狂熱度
易破損度
沒來由想讓它高速旋轉的程度
搬運時弄丟的程度
價格

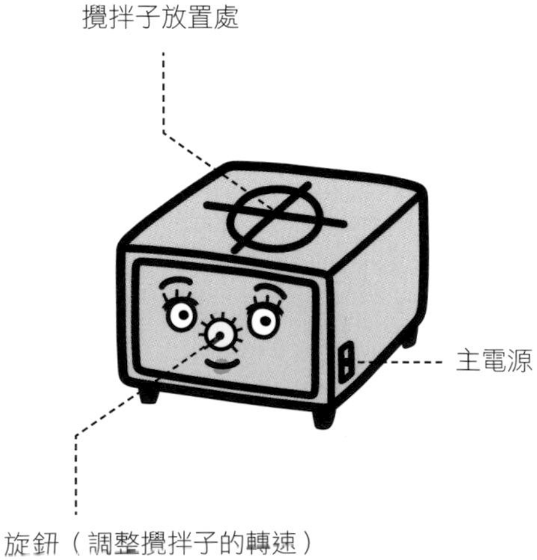
攪拌子放置處
主電源
旋鈕（調整攪拌子的轉速）

COLUMN

觀察的實驗

藉目視來理解實驗中引起的變化，是下一章要探討的主題「觀察的實驗」。就實驗來說，它是比較顯而易懂的……我說它是實驗就是實驗吧。但也有人說「測量是讀取刻度就好。若僅憑觀察，難啊～」。的確，要客觀的掌握觀察結果是有訣竅的。單就「亮了～」或「顏色變了～」的觀察來說，這些都是乏人問津的寂寞科學。（這麼說，我要反省了）

因此，我建議用素描，畫不好或畫成漫畫都行，反正畫就對了！不會畫圖的人，可以留意細節並且用文字表達出來，然後再去畫。你在描繪或書寫的同時，下意識已經仔細觀察了。寫下的備忘也很重要，透過書寫可以深刻的留在記憶裡。

科學史上重要的「觀察的實驗」不知凡幾。舉例來說，最有名的就是1865年奧地利學者孟德爾的報告，稱為「孟德爾遺傳定律」的原始實驗。孟德爾耗時15年，一心一意、持續讓碗豆雜交，並觀察及分析種子的各種形狀和特徵。人們很容易用遺傳法則這個名詞一言以蔽之，但我想強調的是孟德爾的觀察力和集中力之強大，絕對超乎你我的想像。

此外，說到觀察和實驗，就不能不提到19世紀偉大的科學家法拉第。法拉第發現的「電磁感應定律」聞名於電磁學領域，即使在苯的發現、氯水合物的研究和本生燈的開發等，有關化學暨環境科學的領域裡，法拉第也留下不少功績。雖然曾經因為貧窮而只有小學中輟的學歷，但他確實是個非常了不起的科學家。他在晚年最關心的、最有名的事，就是對一般人或青少年所做的實驗演講（也就是現今的實驗秀）。法拉第投注精力，持續為科學啟蒙奉獻心力。我想有許多青少年都是因為讀了法拉第的傳記才喜歡「觀察的實驗」吧。（這裡就有一位！）

CHAPTER 4

觀察的實驗

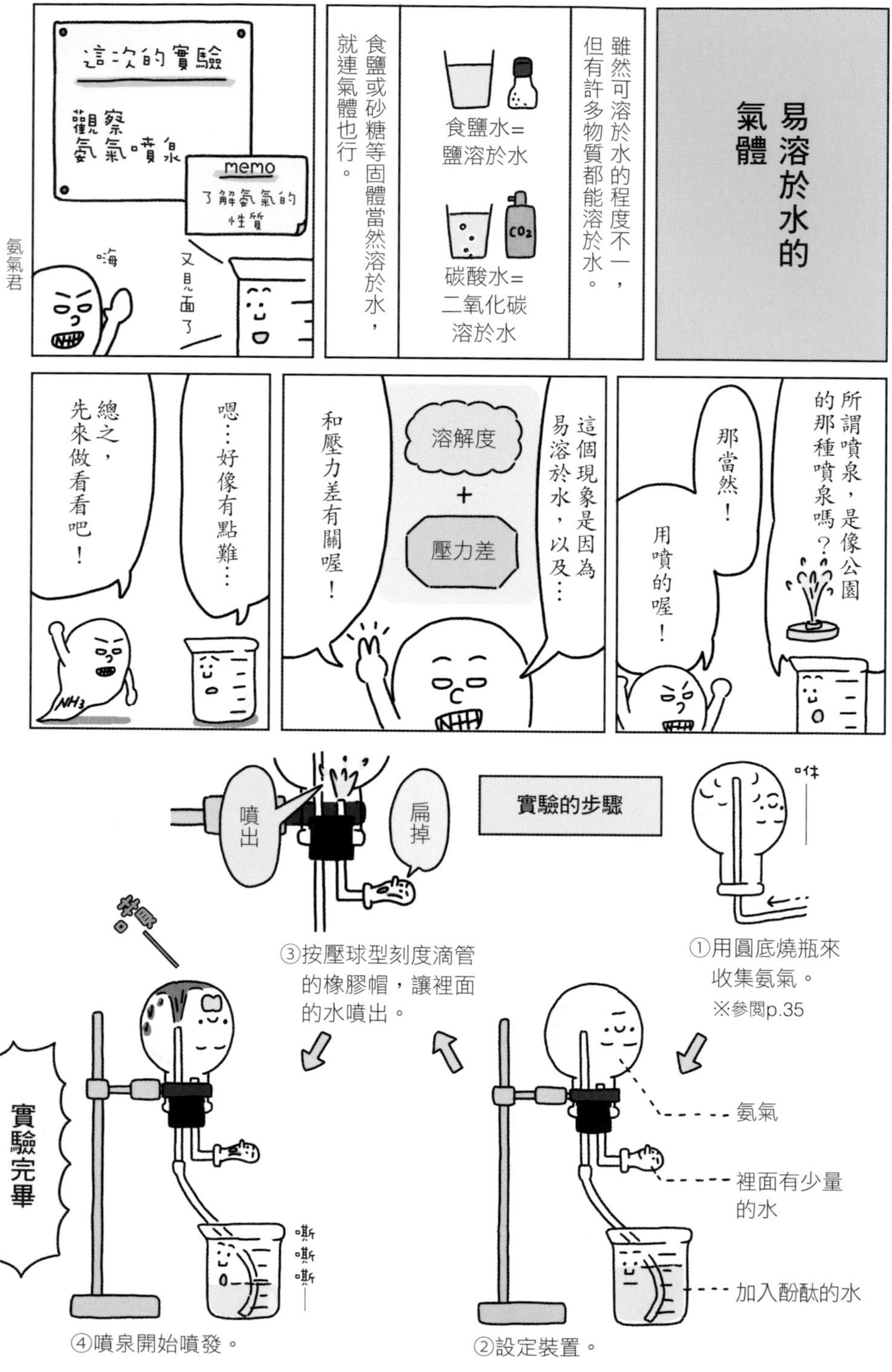
易溶於水的氣體
雖然可溶於水的程度不一，但有許多物質都能溶於水。
食鹽水＝鹽溶於水
CO_2
碳酸水＝二氧化碳溶於水
食鹽或砂糖等固體當然溶於水，就連氣體也行。
這次的實驗
觀察氨氣噴泉
memo
了解氨氣的性質
又見面了
嗨
氨氣君
所謂噴泉，是像公園的那種噴泉嗎？
那當然！
用噴的喔！
這個現象是因為易溶於水，以及…
溶解度
+
壓力差
和壓力差有關喔！
嗯…好像有點難…
總之，先來做看看吧！
NH_3
實驗的步驟
咻——
①用圓底燒瓶來收集氨氣。
※參閱p.35
氨氣
裡面有少量的水
加入酚酞的水
②設定裝置。
扁掉
噴出
③按壓球型刻度滴管的橡膠帽，讓裡面的水噴出。
嘶嘶嘶——
實驗完畢
④噴泉開始噴發。

燒杯君備忘錄

▼氨氣易溶於水中。

第一次看到氨氣噴泉的實驗時，我受到了衝擊。無色透明的液體在燒瓶裡噴出的瞬間，水中的酚酞馬上變成紅色！我不經意發出了「唉額～」的聲音，腦海裡浮現日本導演黑澤明的電影《椿三十郎》最後一幕。避免透露太多情節，我就不詳細說明了，但氨氣噴泉和電影中噴發飛濺的血液，真的極為相似啊！不過《椿三十郎》是一部黑白片，你得發揮一點想像力才能理解我說的。既是名作，當然值得一看！

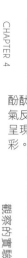

氨氣噴泉實驗

實驗目的

- **感受氨氣易溶於水的程度。**

實驗步驟

①藉圓底燒瓶來收集氨氣。
②設定裝置。
③使少量的水流入燒瓶內。
④噴泉開始噴發。

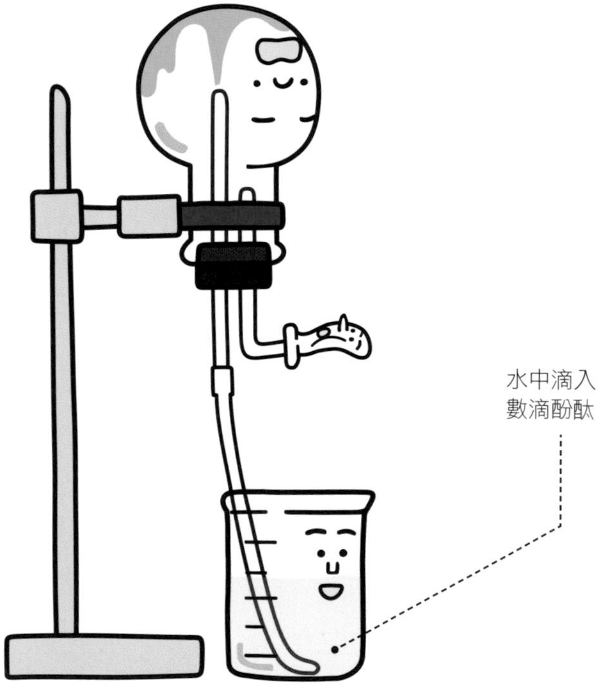
水中滴入
數滴酚酞

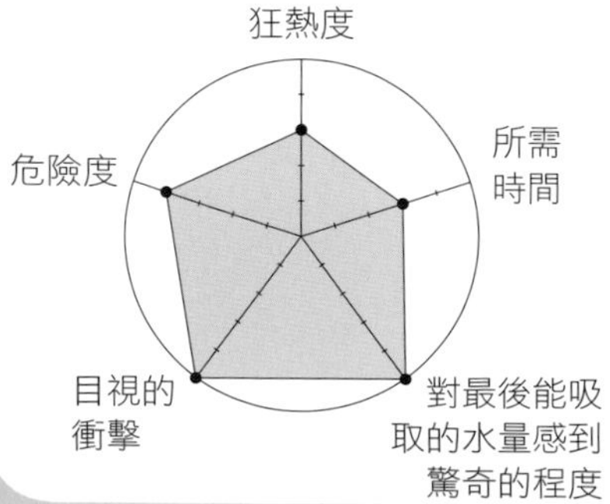
狂熱度
所需
時間
對最後能吸
取的水量感到
驚奇的程度
目視的
衝擊
危險度

一點小小的忠告
Onepoint
Advice

「注意別忘了要
滴入酚酞。」

嘶～
在哪裡～
啊～好想溶於水…
氨氣君
實驗室
水在哪裡
好耶～
咻～
高型燒杯君
有水了！
啊
奇怪？怎麼無法溶解！
呼呼大睡
擠啊 擠啊
飄～
打擾了啦～

燒杯君備忘錄

▼油和水乍看很像呢！

Z Z Z…
油
怎麼會這樣，到底怎麼回事？
捶 捶

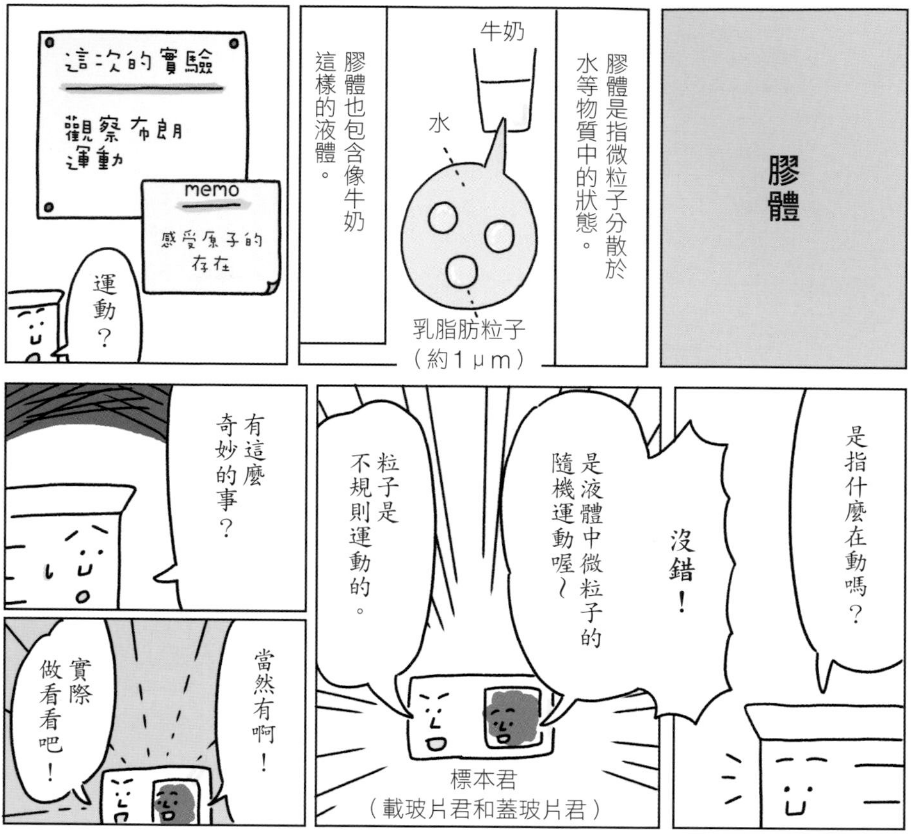
膠體
膠體是指微粒子分散於水等物質中的狀態。
牛奶
水
乳脂肪粒子（約1μm）
膠體也包含像牛奶這樣的液體。
這次的實驗
觀察布朗運動
memo
感受原子的存在
運動？
是指什麼在動嗎？
沒錯！
是液體中微粒子的隨機運動喔～
粒子是不規則運動的。
標本君（載玻片君和蓋玻片君）
有這麼奇妙的事？
當然有啊！
實際做看看吧！

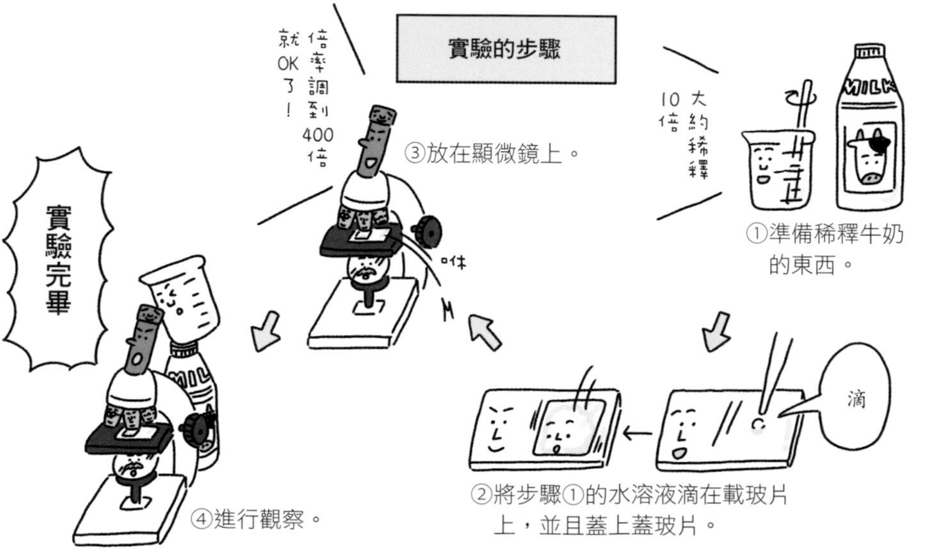
實驗的步驟
MILK
大約稀釋10倍
①準備稀釋牛奶的東西。
滴
②將步驟①的水溶液滴在載玻片上，並且蓋上蓋玻片。
倍率調到400倍就OK了！
③放在顯微鏡上。
咻
④進行觀察。
實驗完畢

原來如此～真的有在動耶！
看起來栩栩如生！
動 動
乳脂肪
是的！
事實上，注意到這個現象的人，一開始也以為「粒子是活的」。
喀
我懂～
1827年，英國植物學家布朗（Robert Brown）觀察到花粉中的粒子在水中活動的情形（布朗運動名稱的由來）。
這粒子！是活的！
布朗
1905年，愛因斯坦發表布朗運動和分子存在的關係性。
這個運動是由粒子周圍的分子造成的，…也就是說，分子是存在的。
愛因斯坦
後來，科學界進行了各種研究，證明了原子和分子的確存在。
真厲害！

曾有一位少年，知道布朗運動是在花粉的顯微鏡觀察中被發現的，從此對顯微鏡十分著迷。因為自己也想要看看，所以每天持續觀察，但不論是什麼花粉都不會動。因此反覆查閱，難道書裡沒寫是「從花粉流出的粒子」之類的嗎？原來，花粉本體對布朗運動來說，超重了。少年對於過去自己「必定仔細閱讀文獻」的行為感到痛心，最近也被認為老是讀書讀到恍神。（至於是誰，就別說了）

燒杯君備忘錄

▼布朗運動因布朗之名而來。

布朗運動的觀察實驗

實驗目的

- **藉著觀察布朗運動來感受水分子的存在。**

實驗步驟

①準備用來稀釋牛奶的物品。
②滴入步驟①的液體，做成顯微玻片標本。
③將標本放在顯微鏡上。
④進行觀察。

不要
閉眼睛
放上標本

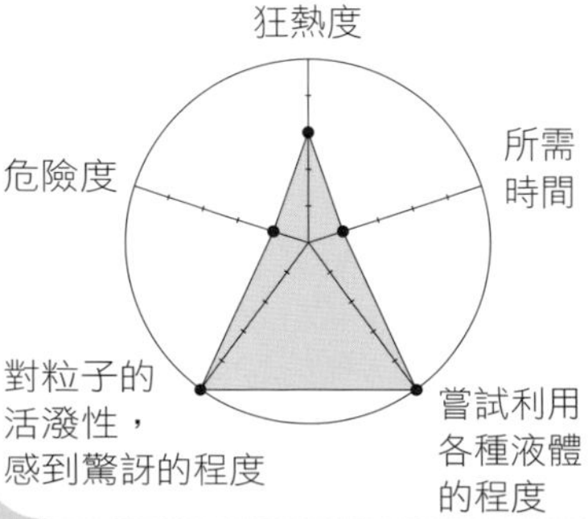
狂熱度
所需
時間
嘗試利用
各種液體
的程度
對粒子的
活潑性，
感到驚訝的程度
危險度

一點小小的忠告
Onepoint
Advice

「除了牛奶，

也可以觀察墨汁

或顏料。」

｛身邊的膠體｝

身邊的膠質也有氣體形式的物質呀！

分散其中的粒子叫做分散質；分散質周圍的物質叫做分散劑。

		分散劑（周圍的物質）		
		固體	液體	氣體
分散質（被分散的粒子）	固體	色玻璃、紅寶石	墨水、顏料	煙、塵埃
	液體	果凍、髮蠟	牛奶、美乃滋	雲、噴劑
	氣體	保麗龍箱	刮鬍泡	無

化學發光
發生化學反應時，有一些會產生「熱」；
反應
熱
發熱反應
反應
光
化學反應
代替熱而發出「光」的反應，叫做化學發光。
這次的實驗
觀察發光胺反應
memo
了解發光胺的性質
錐形瓶君
拜託了
嗨
聽過「發光胺反應」嗎？常應用在科學調查上喔！
鑑識開始！
噴
噴
含發光胺或氧化劑的液體
現形
發現血跡！
當然囉！
可以檢測出血液裡所含的血紅蛋白。
血液
紅血球中的血紅蛋白
發光胺反應示意圖
從激發態到基態的過程會發光。
激發態（不安定的狀態）
以血液為例
怒
催化劑
氧化劑
能量
起身
光
反應前
發光胺
3-氨基苯二甲酸離子
反應後
基態（安定的狀態）
只要發光，就變安定了。
這個反應需要發光胺、氧化劑和催化劑。

那麼，來做實驗吧～
實驗的步驟
鑑識篇
嘶嘶嘶
牛肝
①將牛肝塗抹在紙上。
噴
噴
・水
・氫氧化鈉
・過氧化氫的水溶液
・發光胺
②調配並噴灑已加入定量試劑的溶液。
③觀察發光的樣子。
基礎篇
Ⓐ
Ⓑ
・水
・氫氧化鈉
・發光胺
・水
・過氧化氫水溶液
・鐵氰化鉀
①加入定量的試劑，調製Ⓐ、Ⓑ溶液。
倒
②將四周調暗，並混合Ⓐ和Ⓑ。
③觀察發光的樣子。
實驗完畢

實驗後…
清潔工作也結束了，真清爽～
是啊～
那是？實驗結束了還在發光…
閃亮亮
?
叭噗
是小燈泡寶寶啊～

辦過一場集結了2000名小孩的大型實驗秀，實際演出發光胺反應。說起這個大規模，其實就是製作一個長寬大約一張榻榻米大小的水槽，而需使用的A、B兩種溶液，合計約莫200公升！溶液重（以及水壓）是一回事，但我對發光胺試劑的預估價格感到吃驚（相當貴啊）。話雖如此，我還是說服了贊助者，成功的完成演出。如今依然記得「哇！」的歡呼聲從賓客席傳來。那是一場美麗的實驗！

燒杯君備忘錄

▼從不安定狀態到安定狀態的過程會發光。

發光胺反應的觀察實驗　基礎篇

實驗目的

- **了解發光胺的性質。**

實驗步驟

①加入定量的試劑，並且調製A、B溶液。
②將四周調暗，並混合A、B。
③觀察發光的樣子。

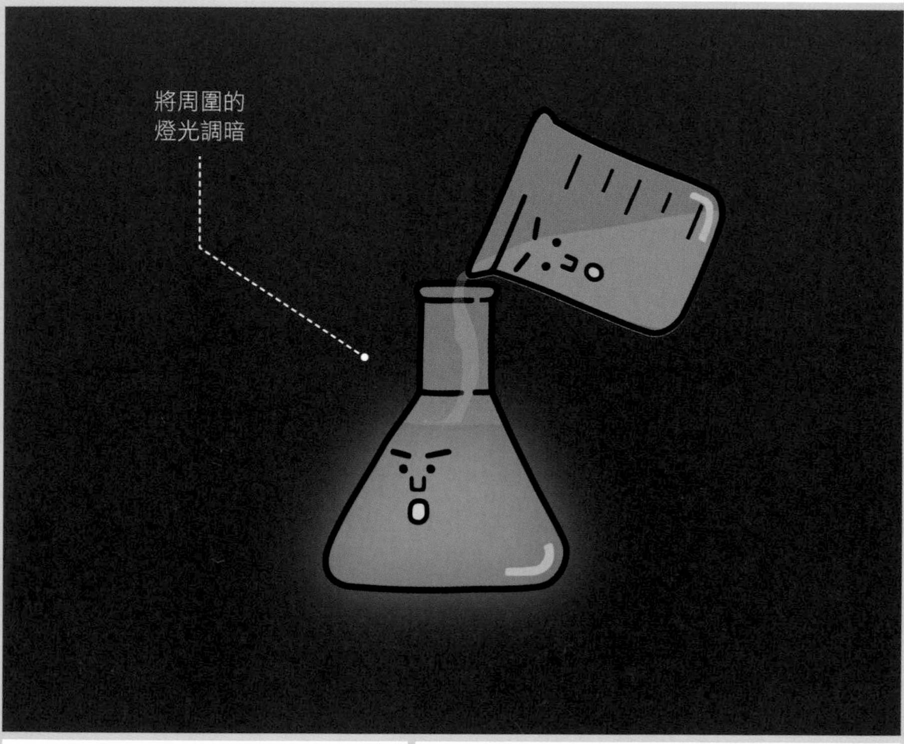
將周圍的
燈光調暗

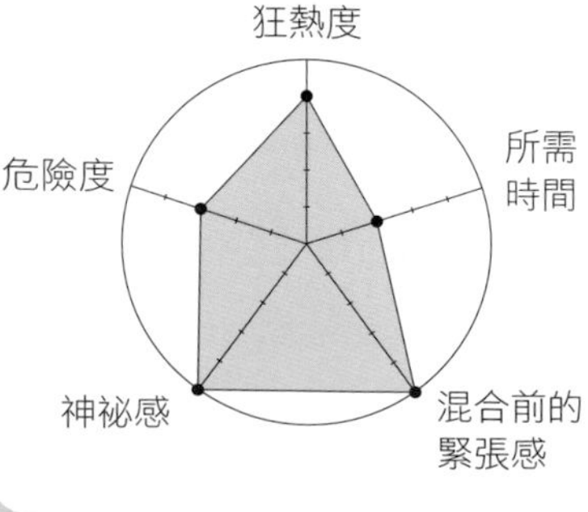
狂熱度
所需時間
混合前的緊張感
神祕感
危險度

一點小小的忠告
Onepoint Advice

「太暗會連手都看不到！
感覺什麼都沒有。」

發光胺反應的觀察實驗　鑑識篇

實驗目的

・體會鑑識人員的角色。

實驗步驟

①將牛肝塗抹在紙上。
②噴出已加入定量試劑的溶液。
③將四周調暗並觀察發光的樣子。

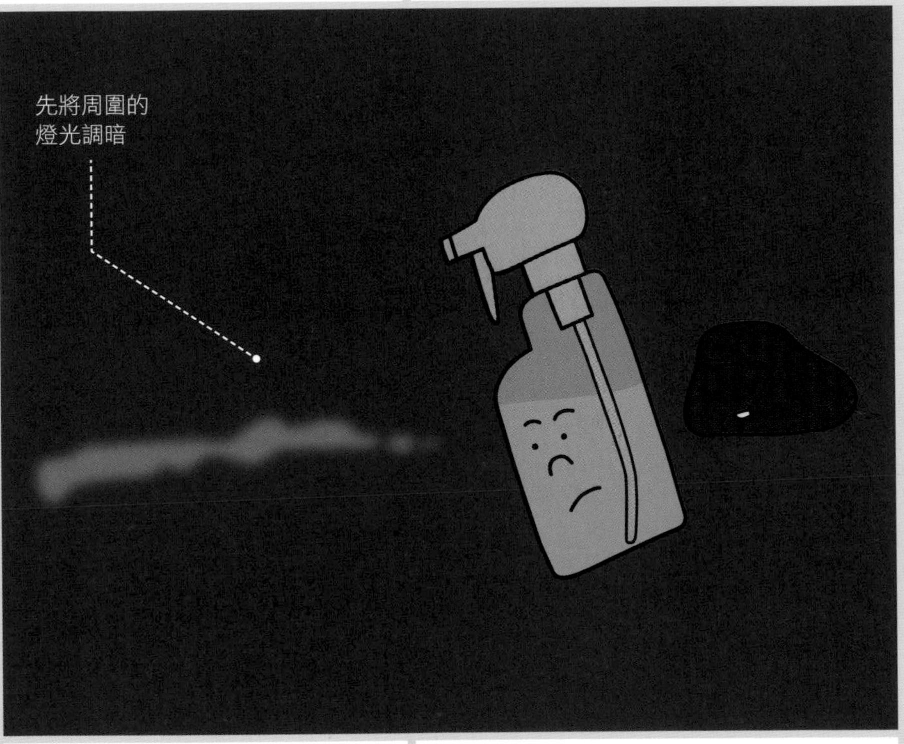
先將周圍的
燈光調暗

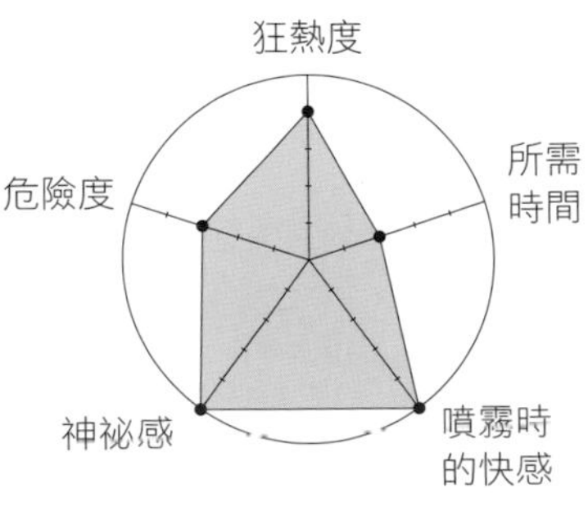
狂熱度
所需
時間
噴霧時
的快感
神祕感
危險度

一點小小的忠告
Onepoint
Advice

「除了牛肝，
蘿蔔汁也會發光喔！」

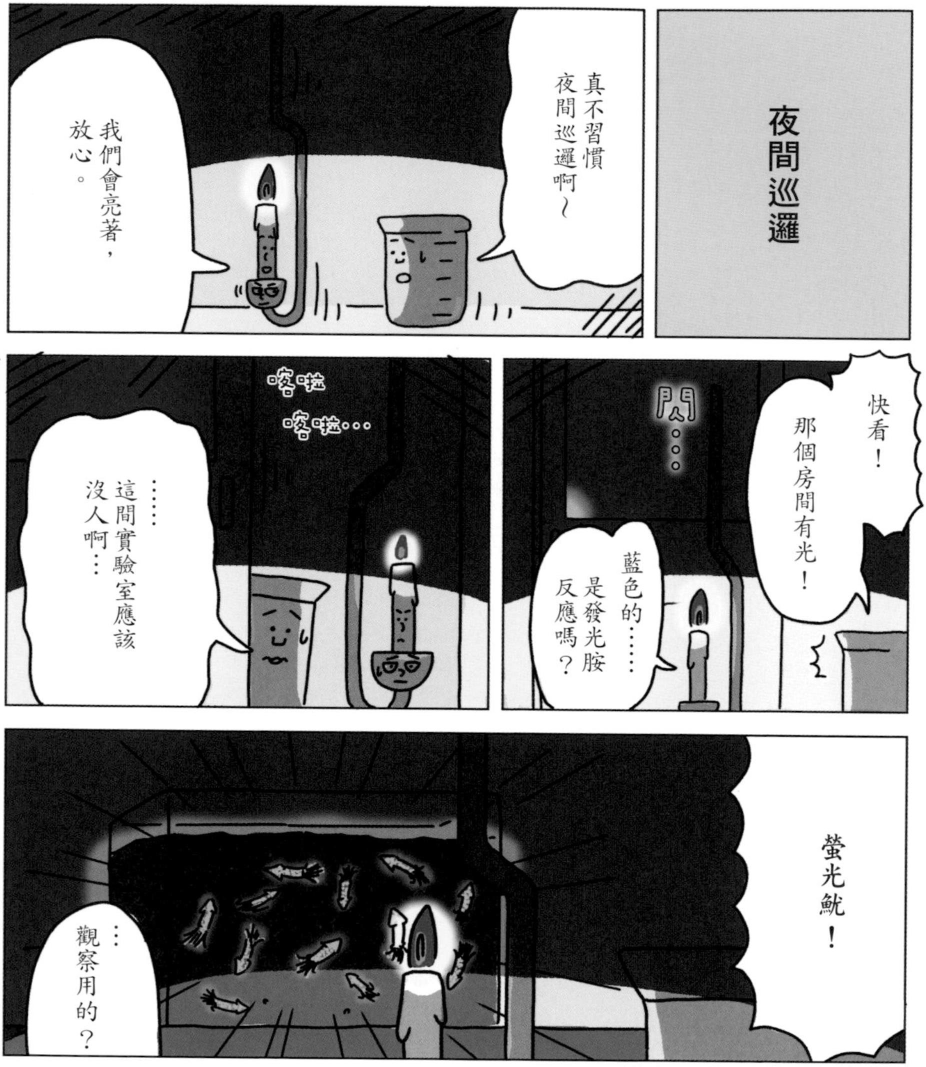
夜間巡邏
真不習慣夜間巡邏啊～
我們會亮著，放心。
快看！那個房間有光！
閃…
藍色的……是發光胺反應嗎？
喀啦 喀啦…
……這間實驗室應該沒人啊……
螢光魷！
…觀察用的？

燒杯君備忘錄

▼不要在半夜進行發光胺反應的觀察實驗。

關於螢光魷

學名是 *Watasenia*。

全身擁有無數個發光器，是由發光物質螢光素和酵素螢光素酶反應所產生的發光現象（反應的全貌至今未明）。

{會發光的生物}

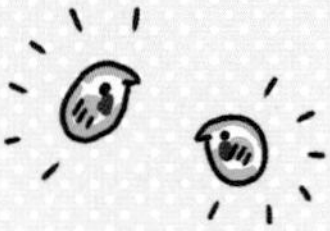

海螢

- 海螢科的甲殼類
- 體長約 3 mm

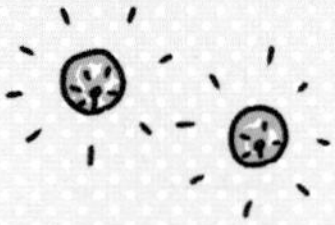

夜光藻

- 一種浮游生物
- 體長約 1 mm

源氏螢

- 螢火蟲科的昆蟲
- 體長約 15 mm

月夜茸

- 有毒蘑菇
- 形似香菇，所以得注意

螢光水母

- 因諾貝爾獎化學獎而聞名
- 體長約 200 mm

磷微蠕蚓

- 遍布全球
- 體長約 40 mm

疏刺角鮟鱇

- 主要分布於大西洋溫帶至熱帶的深海
- 體長約 400 mm

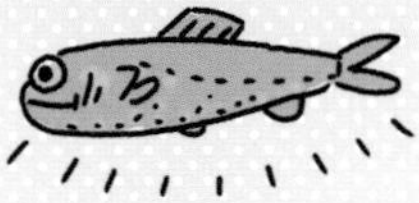

燈籠魚

- 側面和腹面擁有多個發光器
- 體長約 200 mm

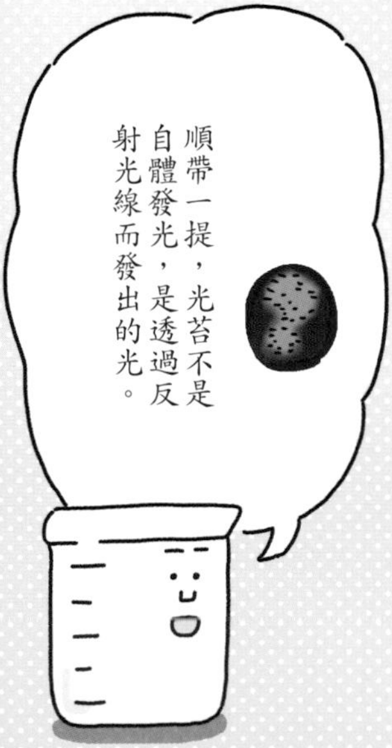
順帶一提，光苔不是自體發光，是透過反射光線而發出的光。

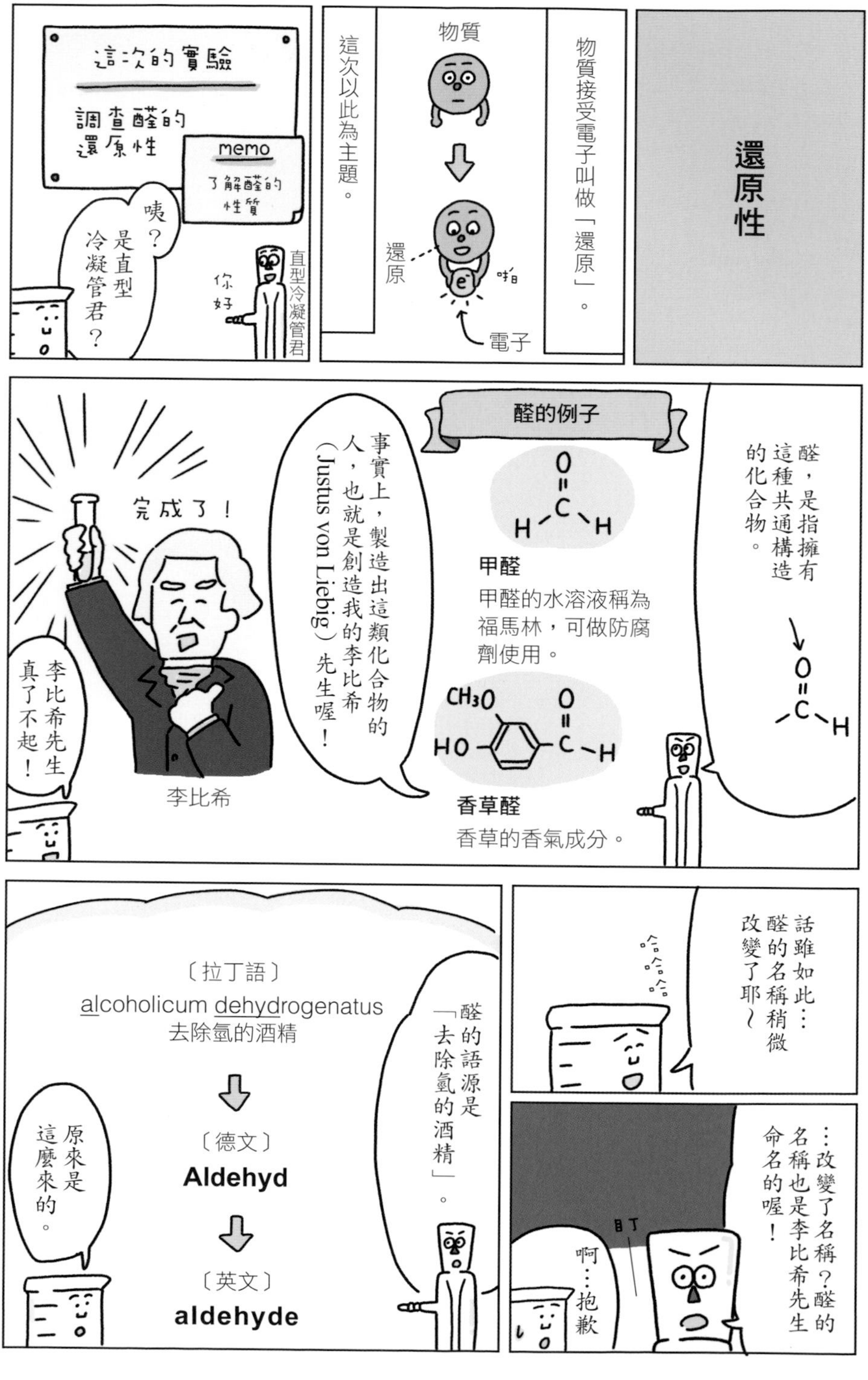

還原性
物質接受電子叫做「還原」。
物質
還原
啪
電子
這次以此為主題。
這次的實驗
調查醛的還原性
memo
了解醛的性質
直型冷凝管君
你好
咦？是直型冷凝管君？
醛，是指擁有這種共通構造的化合物。
醛的例子
甲醛
甲醛的水溶液稱為福馬林，可做防腐劑使用。
香草醛
香草的香氣成分。
事實上，製造出這類化合物的人，也就是創造我的李比希（Justus von Liebig）先生喔！
完成了！
李比希
李比希先生真了不起！
話雖如此…醛的名稱稍微改變了耶～
哈哈哈
…改變了名稱？醛的名稱也是李比希先生命名的喔！
盯
啊…抱歉
醛的語源是「去除氫的酒精」。
〔拉丁語〕
alcoholicum dehydrogenatus
去除氫的酒精
〔德文〕
Aldehyd
〔英文〕
aldehyde
原來是這麼來的。

接下來，關於醛的重要特性，就是…
還原性
！
所謂還原性，就是「使反應對象還原」的特性。
具還原性的物質
反應的對象
也就是，給予電子的能力。
啪
咻
還原
電子
※給予電子的物質會氧化。氧化和還原經常同時發生。
順帶一提，還有其他具有還原性的物質。
具有還原性的物質
米飯
檸檬
葡萄糖
別名：血糖
澱粉分解後的產物。
抗壞血酸
別名：維生素C
經常做為抗氧化劑使用。
因此，試著來做兩個醛的還原性實驗吧！
實驗① 斐林反應
實驗② 銀鏡反應
我沒參加實驗喔～

實驗① 斐林反應的步驟

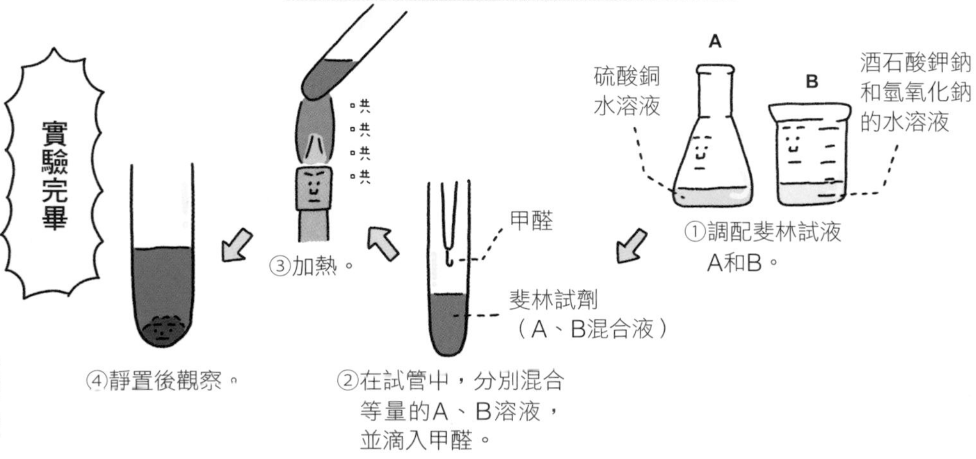
A
B
硫酸銅水溶液
酒石酸鉀鈉和氫氧化鈉的水溶液
①調配斐林試液A和B。
甲醛
斐林試劑（A、B混合液）
②在試管中，分別混合等量的A、B溶液，並滴入甲醛。
哄哄哄哄
③加熱。
④靜置後觀察。
實驗完畢

實驗② 銀鏡反應的步驟

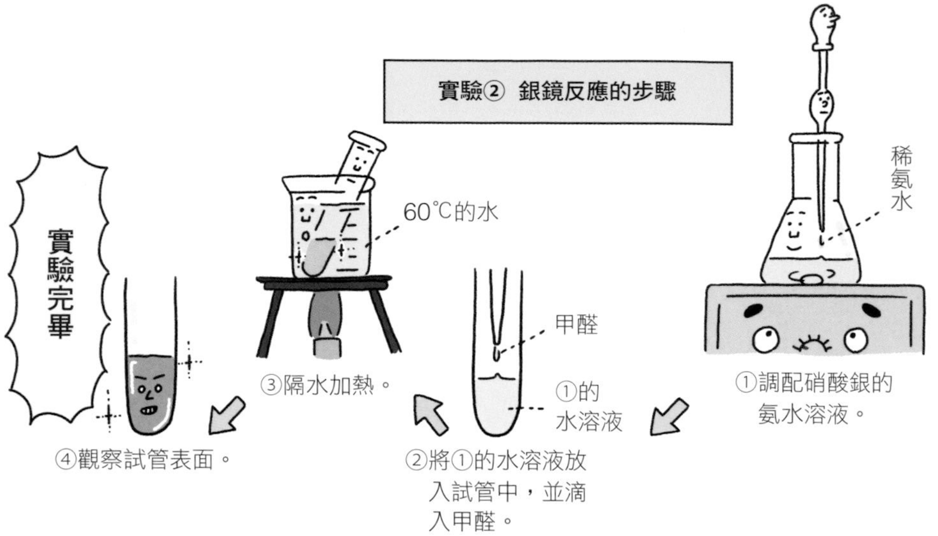
稀氨水
①調配硝酸銀的氨水溶液。
甲醛
①的水溶液
②將①的水溶液放入試管中，並滴入甲醛。
60℃的水
③隔水加熱。
④觀察試管表面。
實驗完畢

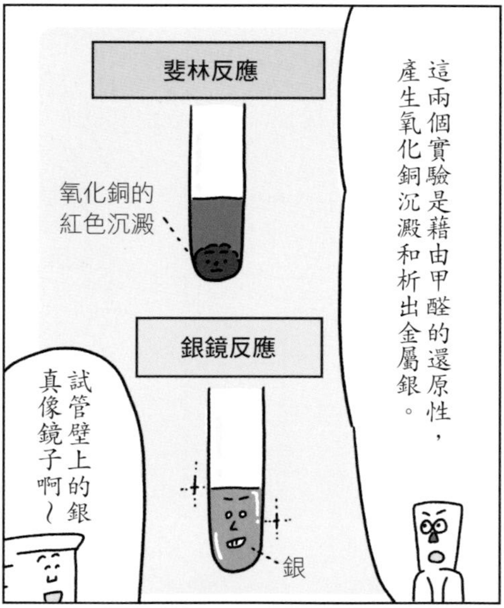
這兩個實驗是藉由甲醛的還原性，產生氧化銅沉澱和析出金屬銀。
斐林反應
氧化銅的紅色沉澱
銀鏡反應
銀
試管壁上的銀真像鏡子啊～

事實上，銀鏡反應為鏡子的製造方法帶來了革命性的影響。
發現的人也是李比希先生喔～
真是不敢當
李比希先生真是太了不起了！

在那個超廣角和魚眼鏡頭等商品價格高昂的年代，為了拍攝夜空中的流星，銀鏡反應就這麼派上用場了。只要把圓底燒瓶的底當做鏡子，就可以拍攝大範圍的影像了……吧。但試做後，因圓底燒瓶的瓶身太過彎曲，加上沒有一般鏡子的反射率高，所以無法拍攝流星。而燒瓶因為有了銀鏡的痕跡，所以被束之高閣（其他實驗也不能用）。現今，能全天180度拍攝的魚眼鏡頭變得用郵購就能買到，是我的少年時代從未有過的夢啊！

燒杯君備忘錄

▼李比希先生是偉大的化學家。

醛的斐林反應實驗

實驗目的

・了解醛的性質。

實驗步驟

①調配斐林試劑。
②將甲醛滴入斐林試劑中。
③藉本生燈加熱。
④靜置後觀察。

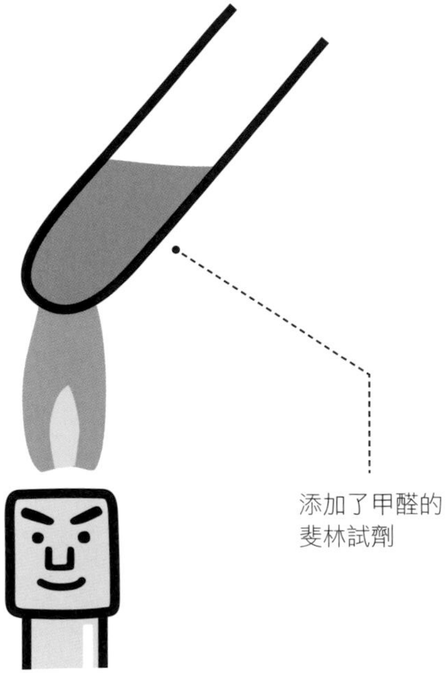
添加了甲醛的
斐林試劑

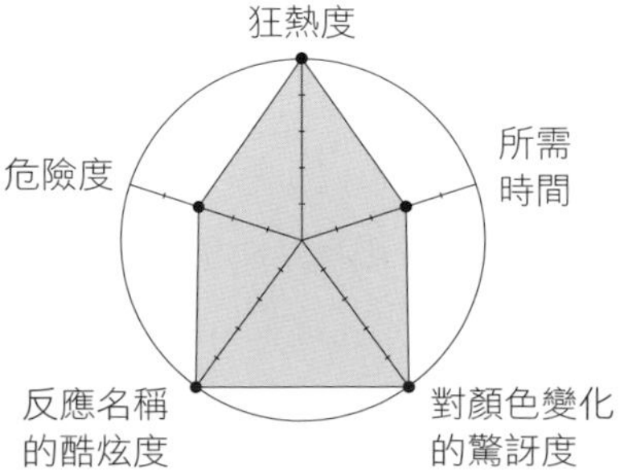
狂熱度
所需時間
對顏色變化的驚訝度
反應名稱的酷炫度
危險度

一點小小的忠告
Onepoint Advice

「操作步驟③時，
不要加熱到沸騰。」

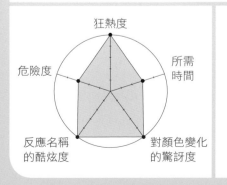

醛的銀鏡反應實驗

實驗目的

- **了解醛的性質。**

實驗步驟

①調製硝酸銀的氨水溶液（多侖試劑）。
②在步驟①的溶液中，加入甲醛。
③隔水加熱。
④觀察試管表面。

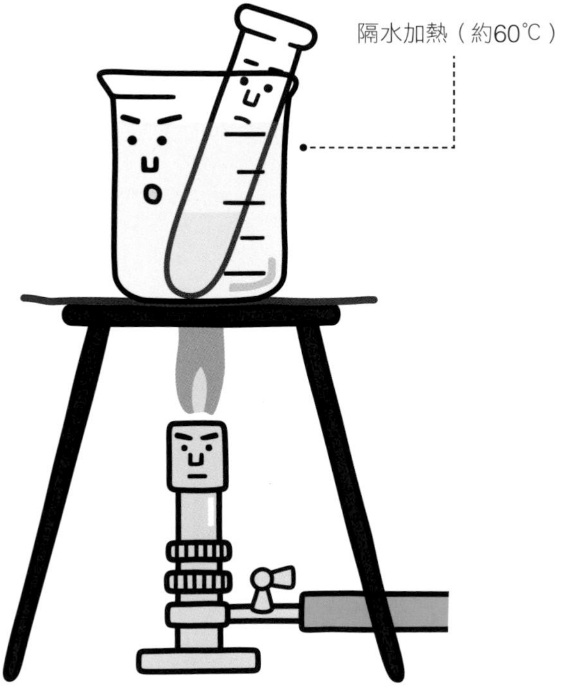
隔水加熱（約60℃）

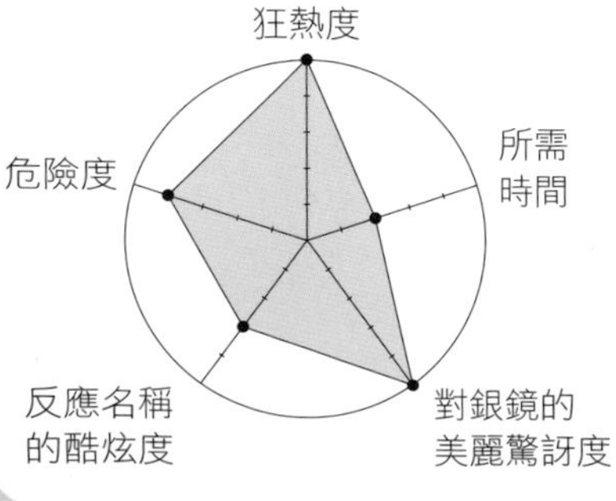
狂熱度
所需時間
對銀鏡的美麗驚訝度
反應名稱的酷炫度
危險度

一點小小的忠告
Onepoint Advice

「保存多侖試劑時，
會形成不穩定的易爆的物質，
要特別注意！
建議一次用完。」

氧化銅的紅色沉澱君

正式名稱　氧化銅
（coppe oxide）

擅長技能　告知斐林反應的發生。

個性特色　想變成更漂亮一點的顏色。

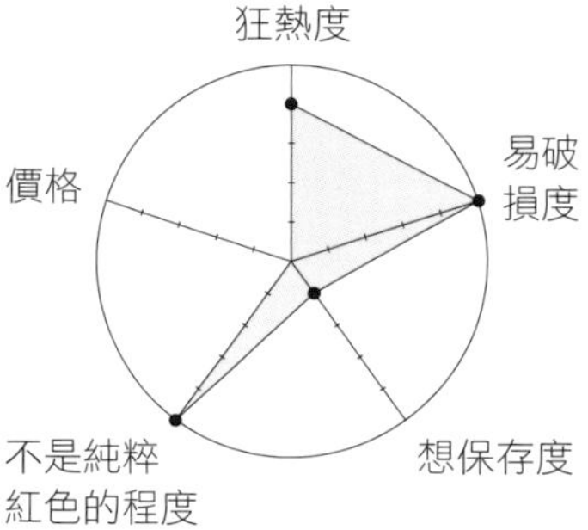
狂熱度
易破損度
想保存度
不是純粹紅色的程度
價格

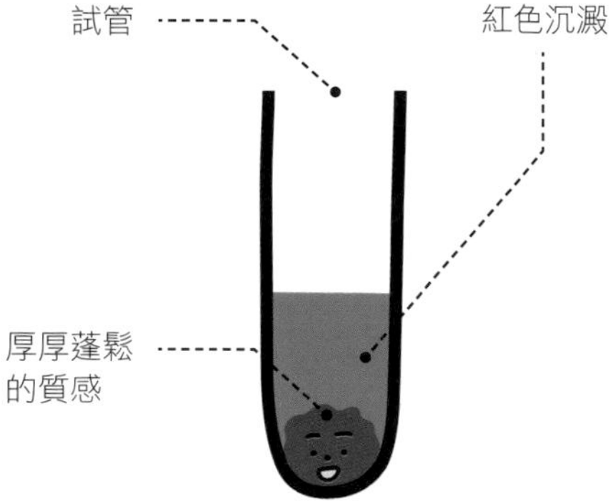
試管
紅色沉澱
厚厚蓬鬆的質感

銀鏡君

正式名稱　銀鏡
（sliver mirror）

擅長技能　告知銀鏡反應的發生。

個性特色　總是充滿自信的類型。

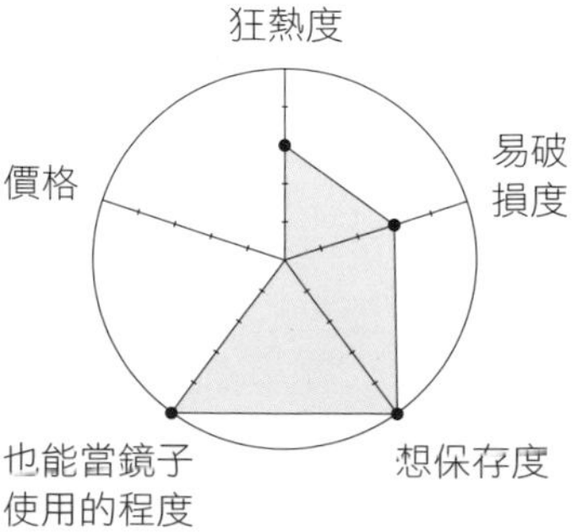
狂熱度
易破損度
想保存度
也能當鏡子使用的程度
價格

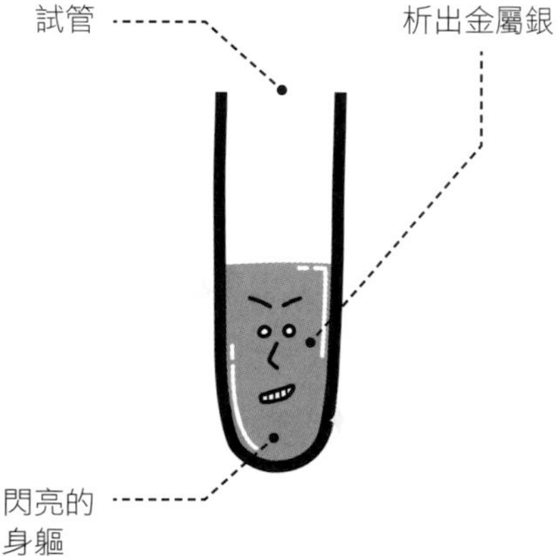
試管
析出金屬銀
閃亮的身軀

焰色反應
將金屬元素置入火焰中，而顯現出特有色彩的反應，就叫焰色反應。
焰色反應也運用在煙火上。
這次的實驗
觀察焰色反應
memo
分辨金屬元素
知道這個反應嗎？
本生燈君
當然！
煙火美麗的色彩就是拜這個反應所賜。
嘿嘿
話雖如此，事實上不只如此喔！
汽車的發煙筒是鍶的焰色反應；
發煙筒（鍶的焰色反應）
即便在廚房也可以觀察到焰色反應。
味噌湯煮沸噴出時的火焰（食鹽中鈉的焰色反應）
原來如此～
接著，這次實驗出場的是…
這裡的大家！
白金接種環君
我們來囉～
白金接種環握把君
白金接種環立架君
雖然我們平常用來處理微生物，
但是焰色反應也是靠我們喔～
嗯嗯
嗯嗯

那麼，
開始實驗吧！
好～

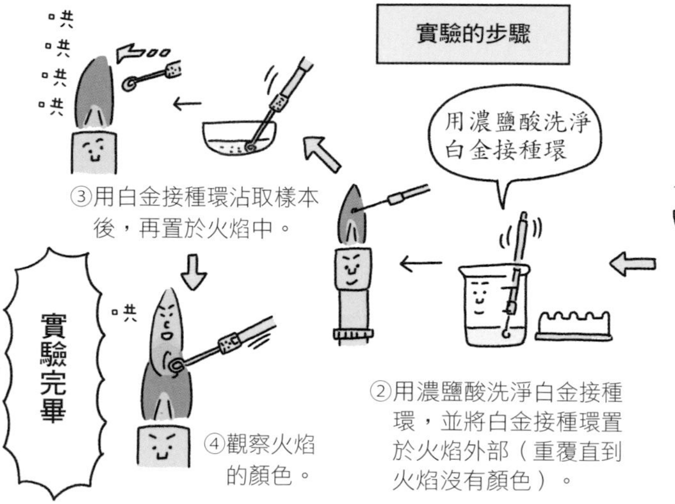
實驗的步驟
食鹽
氯化銅
氯化鋇
氯化鉀
氯化鋰
氯化鈣
氯化鍶
①準備各種樣本（先用少量的水溶解）。
用濃鹽酸洗淨白金接種環
②用濃鹽酸洗淨白金接種環，並將白金接種環置於火焰外部（重覆直到火焰沒有顏色）。
哄哄哄哄
③用白金接種環沾取樣本後，再置於火焰中。
哄
④觀察火焰的顏色。
實驗完畢

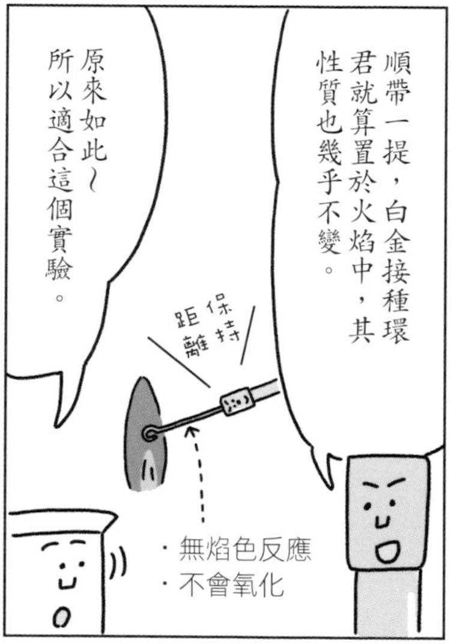
順帶一提，白金接種環君就算置於火焰中，其性質也幾乎不變。
原來如此～所以適合這個實驗。
保持距離
・無焰色反應
・不會氧化

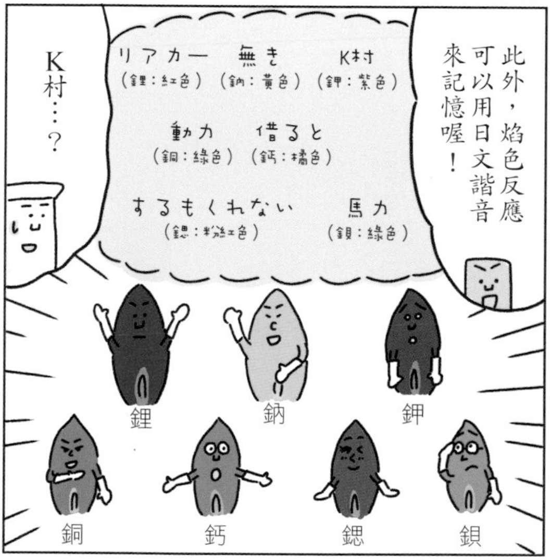
此外，焰色反應可以用日文諧音來記憶喔！
K村…？
リアカー 無き K村
（鋰：紅色）（鈉：黃色）（鉀：紫色）
動力 借ると
（銅：綠色）（鈣：橘色）
するもくれない 馬力
（鍶：粉紅色）（鋇：綠色）
鋰
鈉
鉀
銅
鈣
鍶
鋇

焰色反應是既美麗又神祕的實驗。事實上，它經常被誤解成「金屬正在燃燒」，但其實是元素的電子能量發生變化所引起的現象。其中，白金接種環的價格十分昂貴，如果只是觀察顏色，那麼使用市售的不鏽鋼線就行了。此外，將溶液和濾紙放進蒸發皿後再點火，可以製造出巨大且具有顏色的火焰，卻因此被下課後仍得做實驗的學生形容成佛地魔（小說《哈利波特》裡施展惡魔法的角色）。我看起來有那麼邪惡嗎？

燒杯君備忘錄

▼藉日文字首發音相同的諧音來記憶焰色反應，是否有點牽強呢？

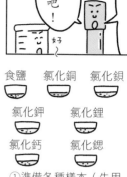

焰色反應的觀察實驗

實驗目的

- **了解藉焰色反應能辨識元素。**

實驗步驟

①準備各種樣本。

②洗淨白金接種環，直到火焰沒有顏色。

③用白金接種環沾取樣本，再置於火焰中。

④觀察火焰的顏色。

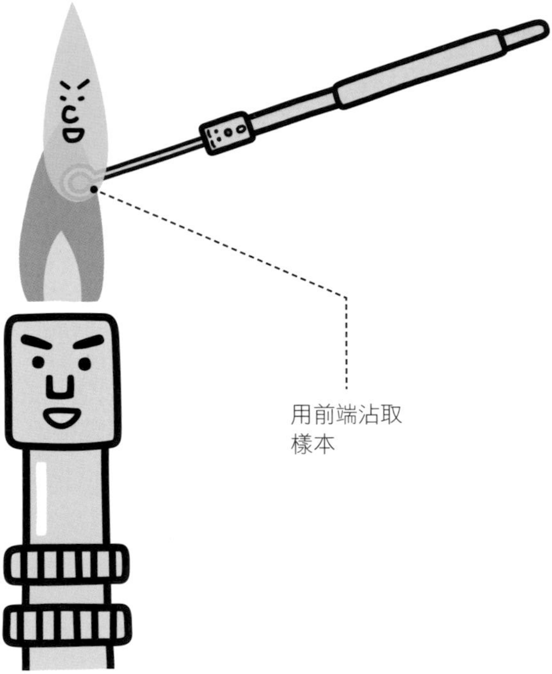
用前端沾取
樣本

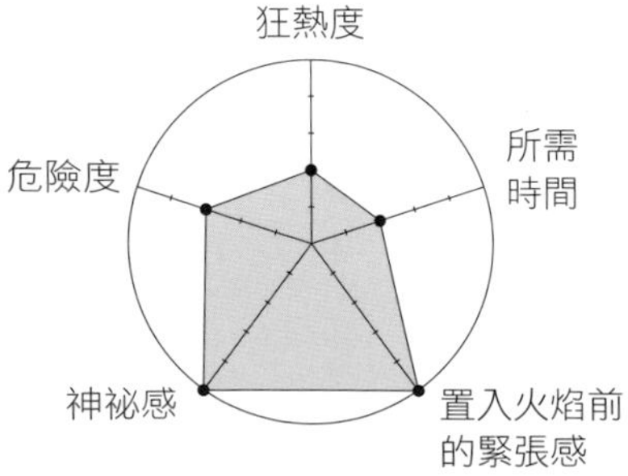
狂熱度
所需
時間
置入火焰前
的緊張感
神祕感
危險度

一點小小的忠告
Onepoint
Advice

「每次更換樣本時，

都要將白金接種環

重新洗淨。」

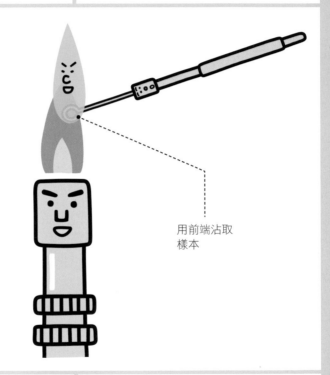

白金接種環君和白金接種環握把君

正式名稱 白金接種環（platinum loop）

擅長技能 觀察火焰顏色和塗布微生物。

個性特色 互相尊重、彼此契合的好關係。

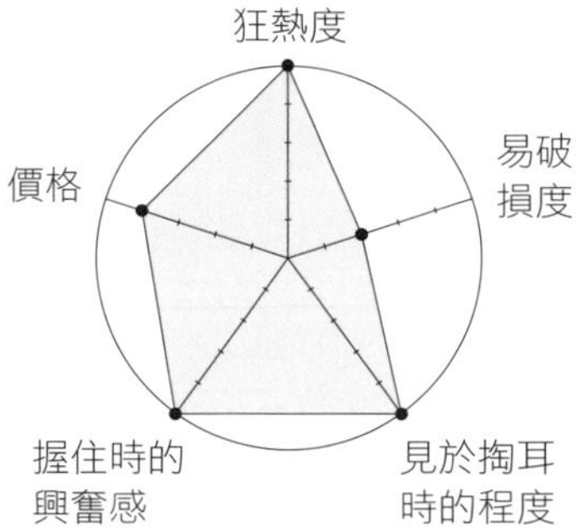
狂熱度
易破損度
見於掏耳時的程度
握住時的興奮感
價格

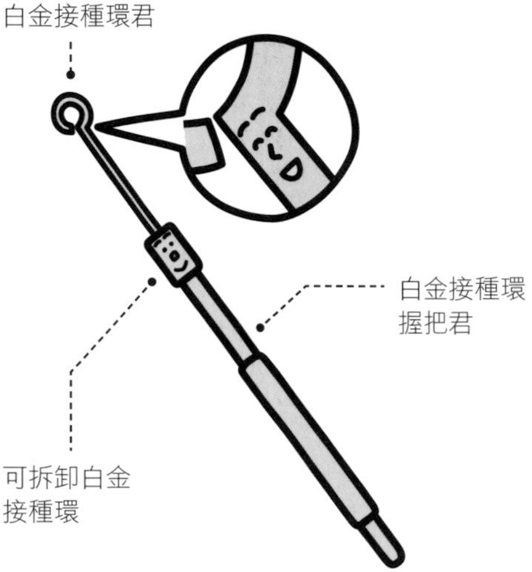
白金接種環君
白金接種環握把君
可拆卸白金接種環

白金接種環立架君

正式名稱 白金接種環立架（platinum loop stand）

擅長技能 暫時放置已加熱的白金接種環。

個性特色 面容悲苦卻未必悲傷。

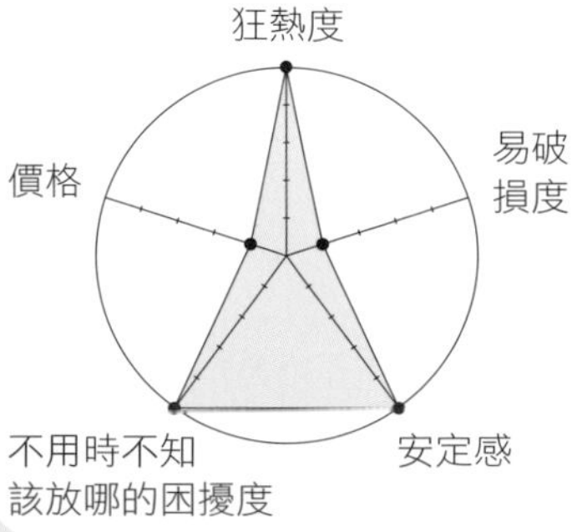
狂熱度
易破損度
安定感
不用時不知該放哪的困擾度
價格

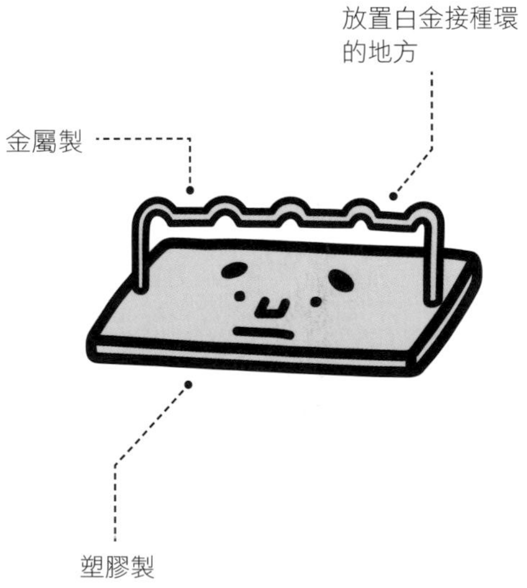
放置白金接種環的地方
金屬製
塑膠製

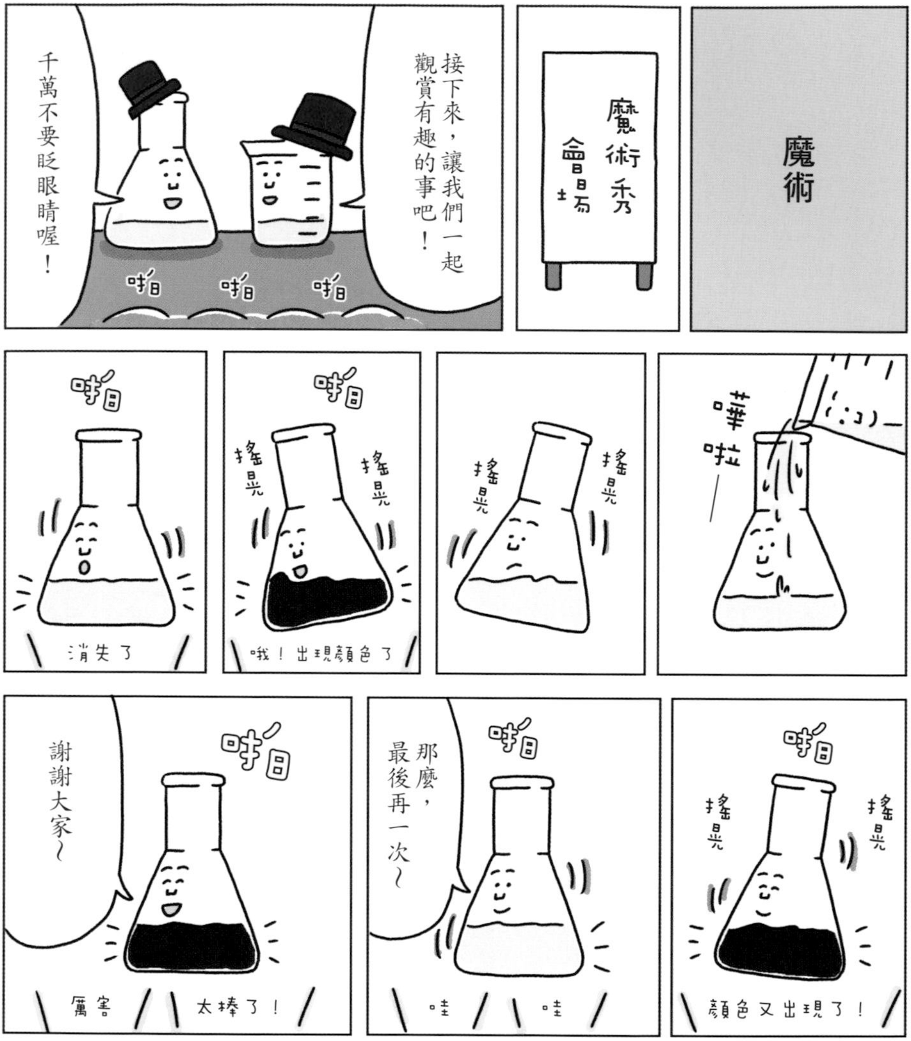
魔術
魔術秀
會場
接下來，讓我們一起觀賞有趣的事吧！
千萬不要眨眼睛喔！
啪 啪 啪
嘩啦—
搖晃 搖晃
啪
搖晃 搖晃
哦！出現顏色了
啪
消失了
啪
搖晃 搖晃
顏色又出現了！
啪
那麼，最後再一次～
哇 哇
啪
謝謝大家～
厲害 太棒了！

如果大家都覺得很有趣，請多多支持！
可以買新的乾燥機了⋯
哐啷 哐啷

燒杯君備忘錄

▼搖晃的動作很重要。

魔術手法大破解

液體A
- 水
- 胺磺酸
- 碘酸鈉

液體B
- 過氧化氫水
- 丙二酸
- 硫酸錳
- 澱粉

混合

⇩

顏色會因為下面兩個反應交互發生而一再變化※。

反應 ①
碘的生成反應
生成的碘和澱粉反應後，
顏色呈藍紫色。

反應 ②
碘的消耗反應
碘消失，所以顏色從藍紫色
變透明。

⇩

和反應有關的物質一旦用盡，
反應即終止。
（因為會殘留碘，所以最後會略帶藍紫色）

這種反應叫做
振盪反應。

※嚴防仍有其他反應產生。

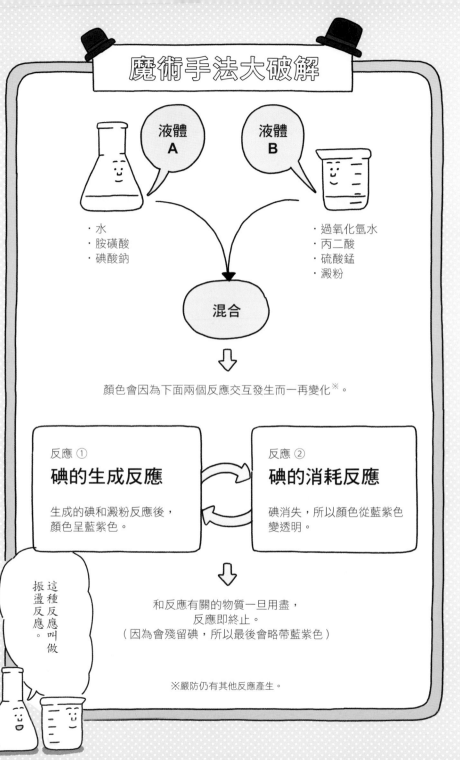

COLUMN

分離的實驗

舉例來說，想了解時鐘的運作方式，方法之一就是拆解。為了闡明構成這個宇宙的物質結構，拆解仍是重要的方法，即所謂「分離的實驗」。然而，身邊許多物質都是其他眾多物質所組合，甚至各物質也是由無數原子複雜的組合而成。一開始先研究結構比較簡單的可分解物質，再藉由已知的機制來思考更高層次的分解方法，這一連串動作都是必要的。

　話說，歷史上有名的「分離的實驗」，就是1898年居禮（Pierre Curie）和居禮夫人（Marie Curie）分離出放射性同位素的實驗。兩人利用數月時日，從幾噸的鈾礦殘渣，分離出釙、鐳兩種新元素。這個研究大幅推動了放射線科學的進展，讓之後的科學和社會發生巨大的變化。

　另一方面，知名且能輕易舉出的例子還有「紙色層分析法」，指的是在濾紙的一個點放置物質，並在濾紙的另一端滴入溶劑（稱展開液），再利用親水性、粒子大小和重量等來區分物質。嘗試利用濾紙的方法始於西元20世紀中葉左右，發明人是馬丁（Archer John Porter Martin）和辛格（Richard Laurence Millington Synge），兩人因此榮獲諾貝爾化學獎。之後隨著應用了各種特殊薄膜等材料的層析法開發出來，濾紙因而被取代，但層析法仍被廣泛應用於現今的分析領域中。

　事實上，的確有許多方法可以分離物質。利用混合物的物理性質，也就是「過濾」、「蒸餾」，以及利用化學反應的「萃取」與「沉澱」自不待言，就連利用接近光速的速度來撞擊物質以進行分解的「基本粒子加速實驗」，也在現今問世了。為了獲得讓生活更豐富的物質，並且闡明物質和宇宙的機制，人類勢必一再重覆進行「分離的實驗」。

CHAPTER 3

分離的實驗

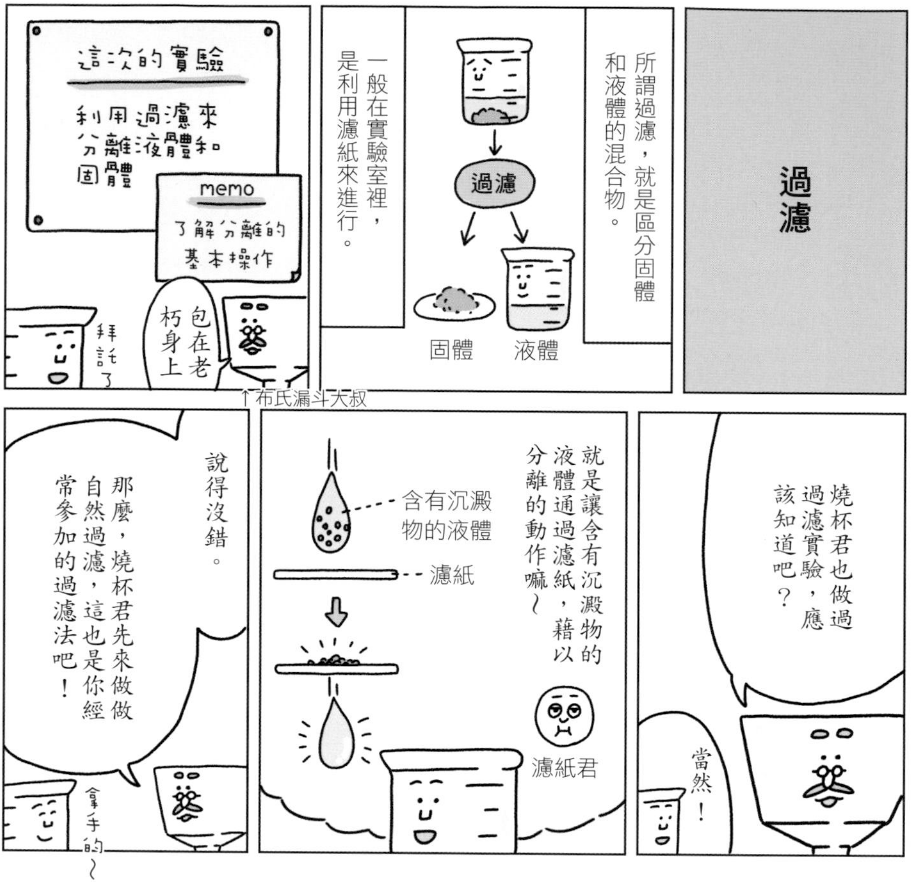
過濾
所謂過濾，就是區分固體和液體的混合物。
過濾
固體
液體
一般在實驗室裡，是利用濾紙來進行。
這次的實驗
利用過濾來分離液體和固體
memo
了解分離的基本操作
包在老朽身上
拜託了
↑布氏漏斗大叔
燒杯君也做過過濾實驗，應該知道吧？
當然！
就是讓含有沉澱物的液體通過濾紙，藉以分離的動作嘛～
含有沉澱物的液體
濾紙
濾紙君
說得沒錯。
那麼，燒杯君先來做做自然過濾，這也是你經常參加的過濾法吧！
拿手的～

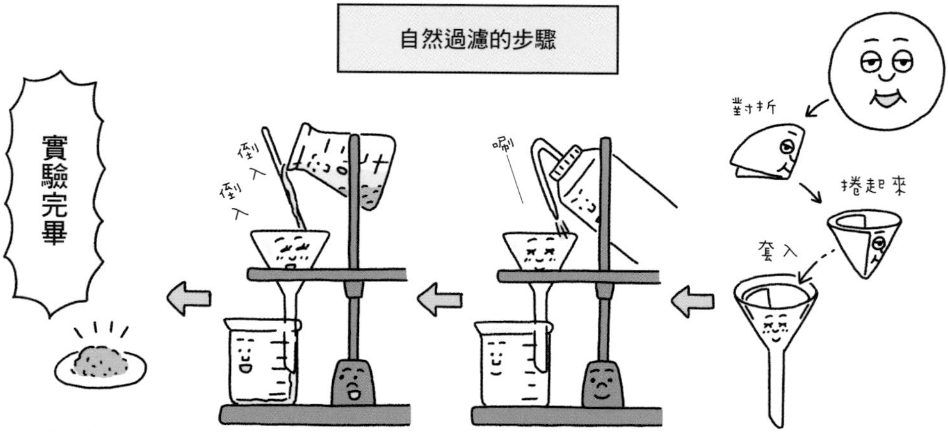
自然過濾的步驟
對折
捲起來
套入
唰
倒入
倒入
實驗完畢

①將濾紙對折兩次並放進漏斗中。

②組合裝置並利用水（溶劑）讓濾紙和漏斗貼合。

③將樣本沿著玻棒倒進去。

④過濾後，取出濾紙。

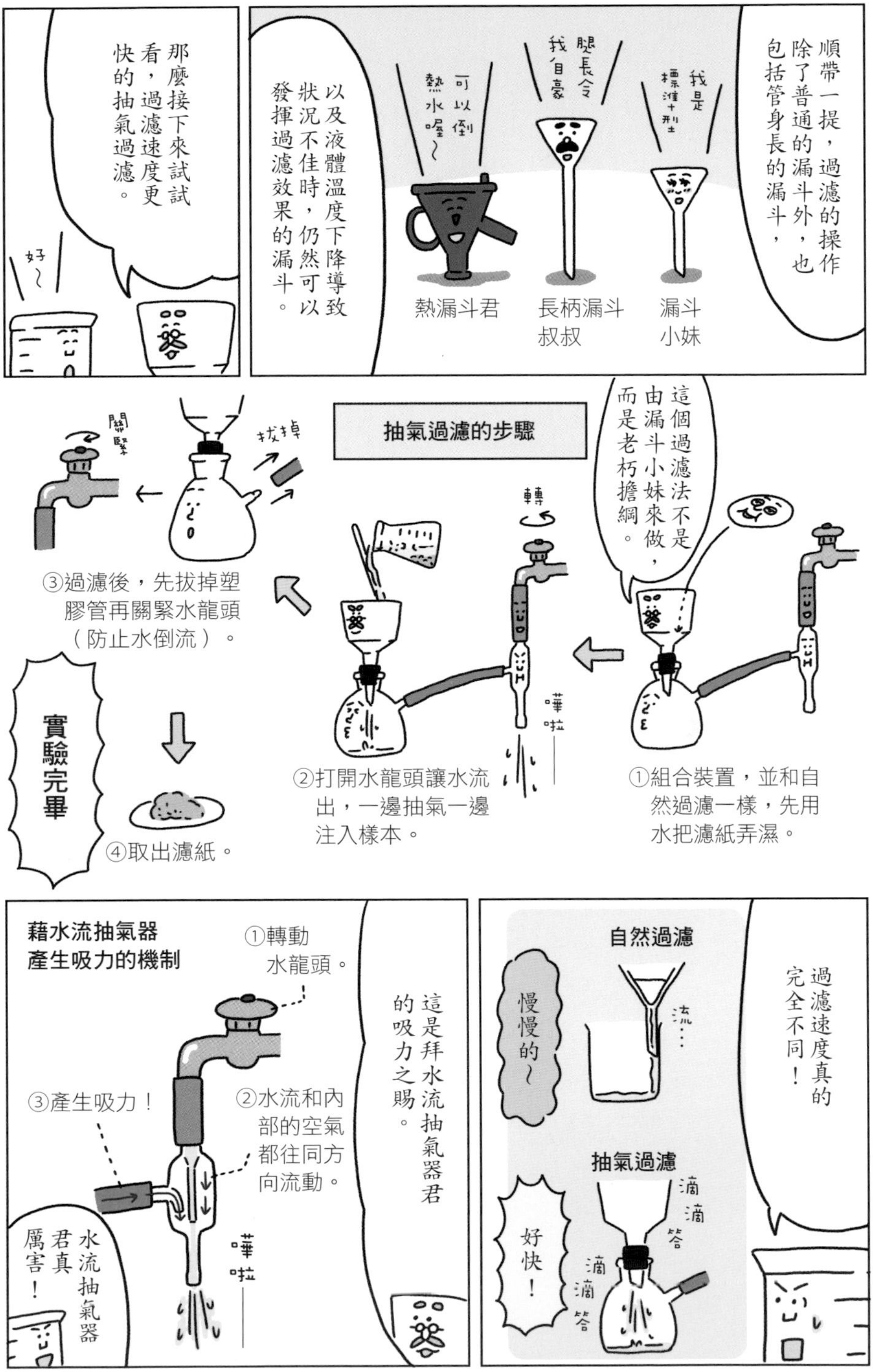
順帶一提，過濾的操作除了普通的漏斗外，也包括管身長的漏斗，
我是標準型
腿長令我自豪
可以倒熱水喔～
漏斗小妹
長柄漏斗叔叔
熱漏斗君
以及液體溫度下降導致狀況不佳時，仍然可以發揮過濾效果的漏斗。
那麼接下來試試看，過濾速度更快的抽氣過濾。
好～
抽氣過濾的步驟
這個過濾法不是由漏斗小妹來做，而是老朽擔綱。
①組合裝置，並和自然過濾一樣，先用水把濾紙弄濕。
轉
嘩啦——
②打開水龍頭讓水流出，一邊抽氣一邊注入樣本。
拔掉
關緊
③過濾後，先拔掉塑膠管再關緊水龍頭（防止水倒流）。
④取出濾紙。
實驗完畢
過濾速度真的完全不同！
自然過濾
流…
慢慢的～
抽氣過濾
滴滴答
滴滴答
好快！
這是拜水流抽氣器君的吸力之賜。
藉水流抽氣器產生吸力的機制
①轉動水龍頭。
②水流和內部的空氣都往同方向流動。
③產生吸力！
嘩啦——
水流抽氣器君真厲害！

此外，進行抽氣過濾，除了老朽，也可以使用桐山漏斗喔！
中間的平面經過特殊加工！
桐山製作所原創
桐山漏斗君
中間的過濾面有溝槽～
與老朽的相異處，請見p.125。
是的，溝槽很重要…
事實上，這個溝槽暗示著某物件。
?
桐山漏斗的製作始末
桐山製作所首任社長正懊惱著…
他打算用玻璃來製作能用來做抽氣過濾的漏斗。但，漏斗中間的過濾面到底要做成什麼形狀呢？
這樣過濾強度會降低，
這樣水流速度會變慢…怎麼做才好呢？
在那時的某個下雨天…
嘩啦啦啦啦
啊
人孔蓋的溝槽能加速雨水通過！就是這個！
水沿著溝槽流下去
…於是，桐山漏斗因此誕生，並且廣為普及。
人孔蓋給了暗示，真了不起。

看到抽氣過濾時，總會有莫名的感激。含有微小粒子的溶液，利用一般的漏斗和濾紙，然後經過數小時……因為是粗紙。等待的時間挺無聊的，看著濾液滴滴答答落下，看著看著，眼皮子愈來愈重，愈來愈想睡（雖然不看也行）。用抽氣過濾來過濾溶液的速度極快，水流抽氣器君的機制十分了得。因為沒有減壓幫浦那樣的巨大聲響，所以抽氣過濾這個方法也適合人們安睡。（看吧，結果還是睡著了！）

燒杯君備忘錄

▼桐山漏斗是有典故的。

自然過濾實驗

實驗目的

・將沉澱物從液體中分離出來。

實驗步驟

①將濾紙對摺兩次並放進漏斗中。
②組合裝置並用水使濾紙和漏斗貼合。
③沿著玻棒倒入樣本。
③過濾後，取出濾紙。

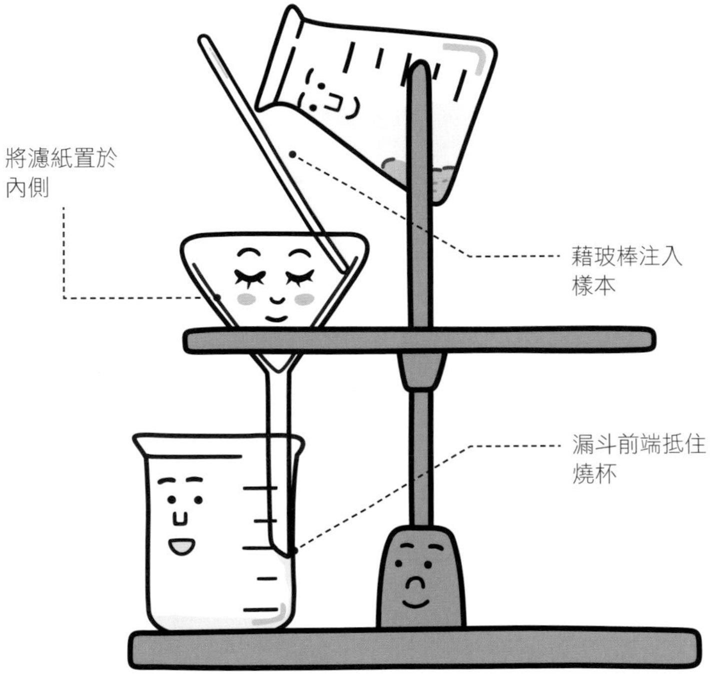
將濾紙置於內側
藉玻棒注入樣本
漏斗前端抵住燒杯

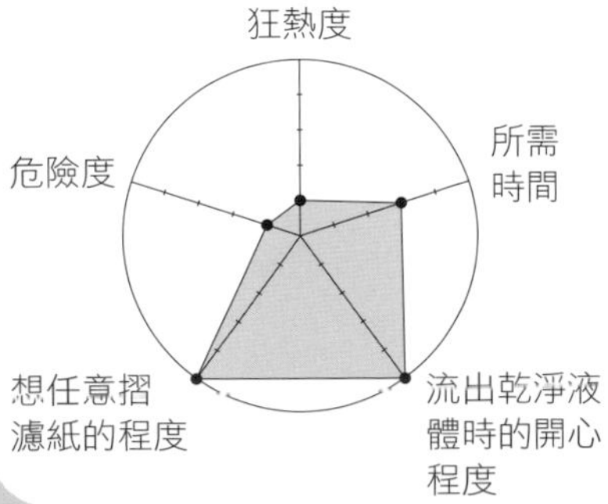
狂熱度
所需時間
流出乾淨液體時的開心程度
想任意摺濾紙的程度
危險度

一點小小的忠告
Onepoint Advice

「注意別讓玻棒
戳破濾紙。」

抽氣過濾實驗

實驗目的

- **將沉澱物從需要許多時間才能自然過濾的液體（諸如高黏度、沉澱多等狀況）中分離出來。**

實驗步驟

①組合裝置，並先用水把濾紙弄濕。
②打開水龍頭，然後一面抽氣，一面注入樣本。
③過濾後，先拔掉塑膠管再關掉水龍頭。
④取出濾紙。

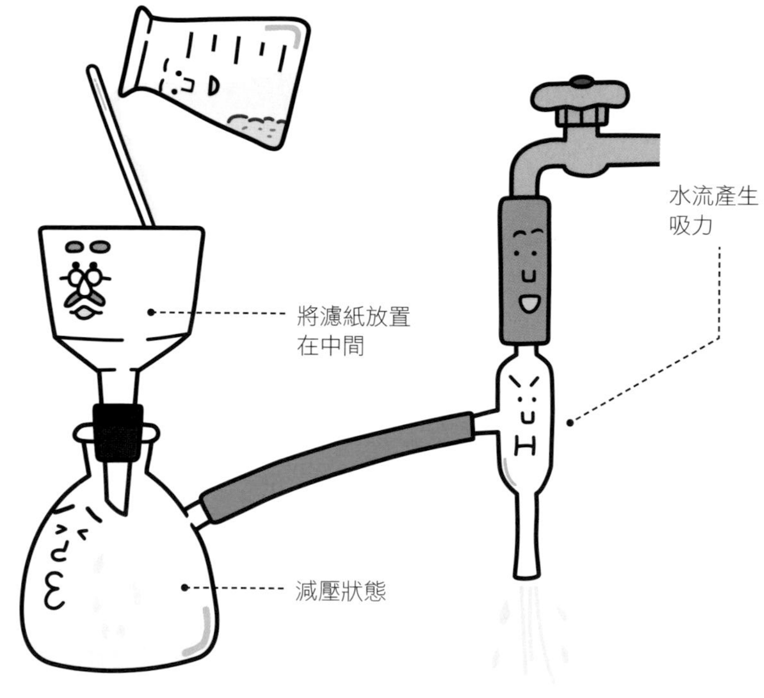
水流產生吸力
將濾紙放置在中間
減壓狀態

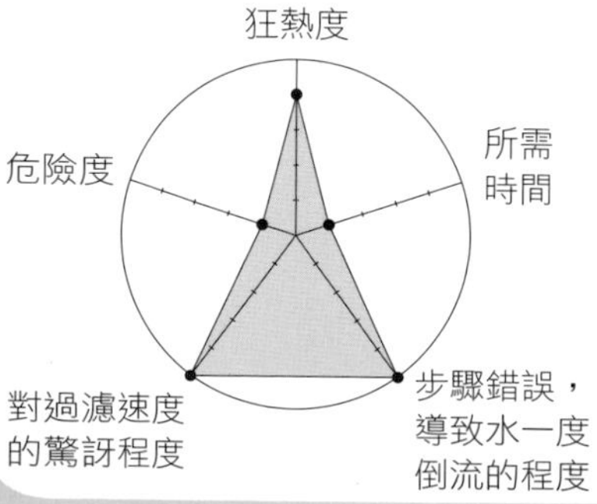
狂熱度
所需時間
步驟錯誤，導致水一度倒流的程度
對過濾速度的驚訝程度
危險度

一點小小的忠告
Onepoint Advice

「有時候也會用幫浦來取代水流抽氣器。」

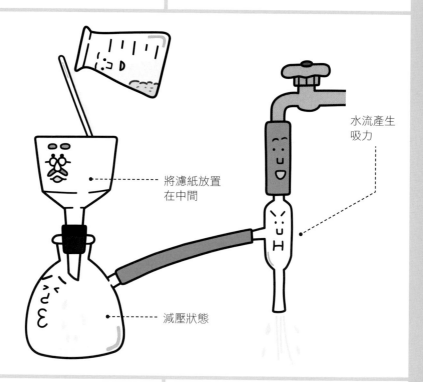

長柄漏斗叔叔

正式名稱 長腳漏斗（long stem funnel）

擅長技能 使液體往一個位置集中。

個性特色 心地善良的叔叔。

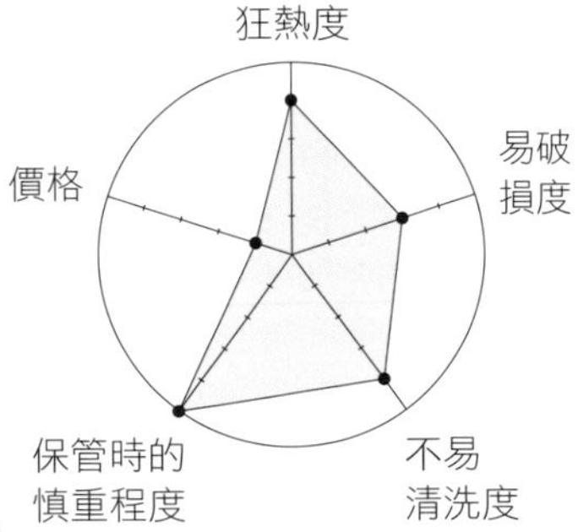
狂熱度
易破損度
不易清洗度
保管時的慎重程度
價格

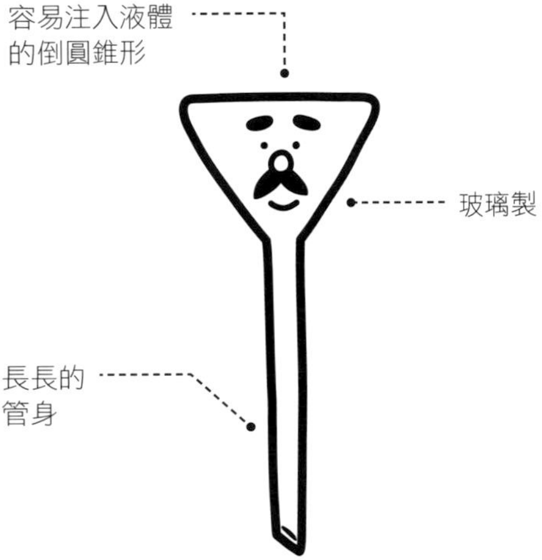
容易注入液體的倒圓錐形
玻璃製
長長的管身

熱漏斗君

正式名稱 熱漏斗（hot funnel）

擅長技能 保持漏斗的溫度。

個性特色 中間液體只要變冷，就沒了精神。

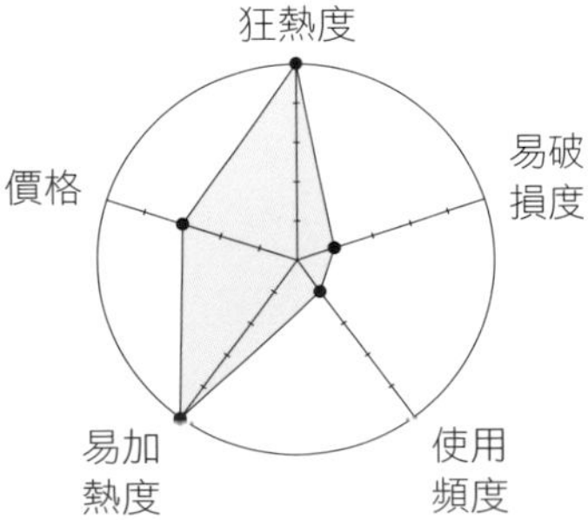
狂熱度
易破損度
使用頻度
易加熱度
價格

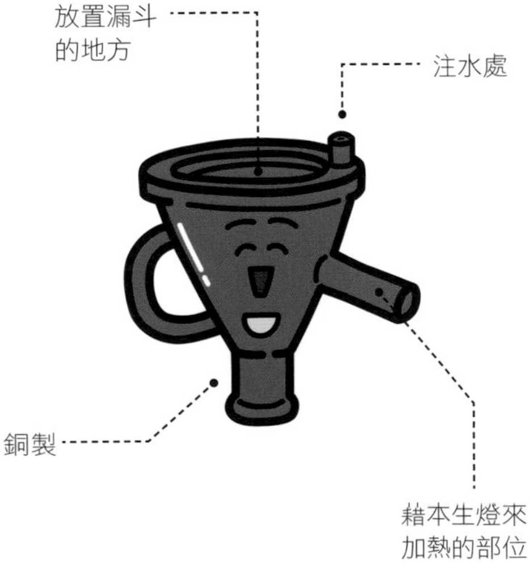
放置漏斗的地方
注水處
銅製
藉本生燈來加熱的部位

桐山漏斗君

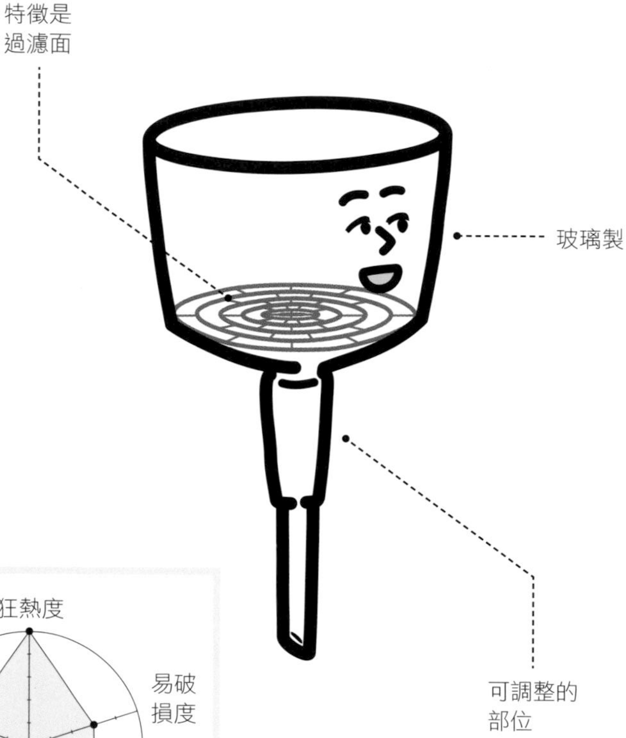
特徵是
過濾面
玻璃製
可調整的
部位

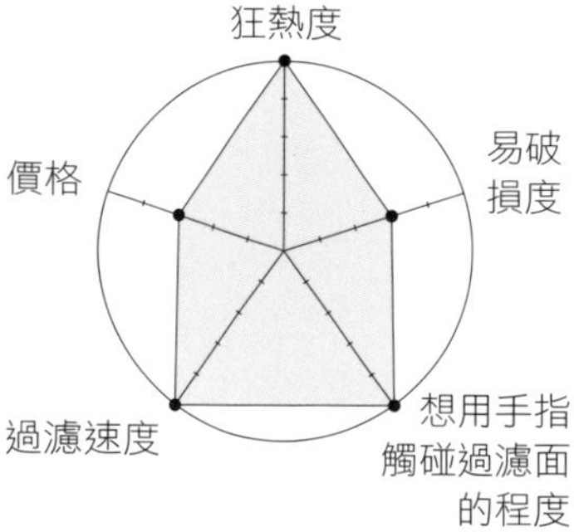
狂熱度
易破
損度
想用手指
觸碰過濾面
的程度
過濾速度
價格

正式名稱 桐山漏斗（Hirsch funnel）
擅長技能 藉減壓狀態，進行過濾。
個性特色 愛好清潔的大哥哥。

實驗夥伴

濾紙君

玻棒君

燒杯君

橡膠管君和水流抽氣器君

{漏斗大評比}

名稱	布氏 漏斗大叔	桐山 漏斗君	漏斗 小妹
從側面看	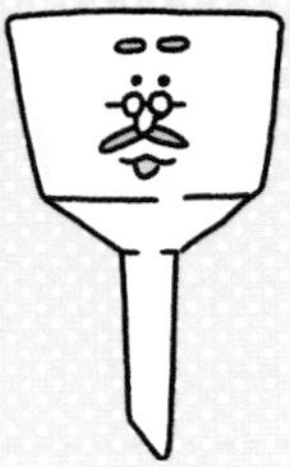		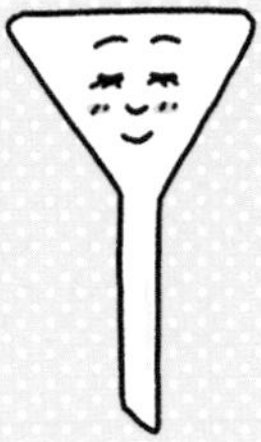
從上面看	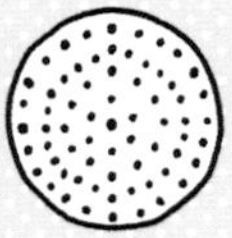		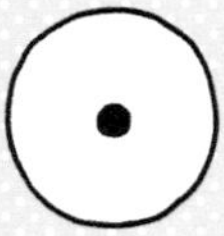
材質	陶瓷	玻璃	玻璃
過濾方式	抽氣過濾	抽氣過濾	自然過濾
實驗裝置方式			
特徵	・具厚重感 ・價格也比桐山漏斗便宜一點	・因為是透明的，馬上知道有無髒汙殘留 ・只有一個洞，很容易清洗	・比其他兩個更便宜 ・小學也常使用

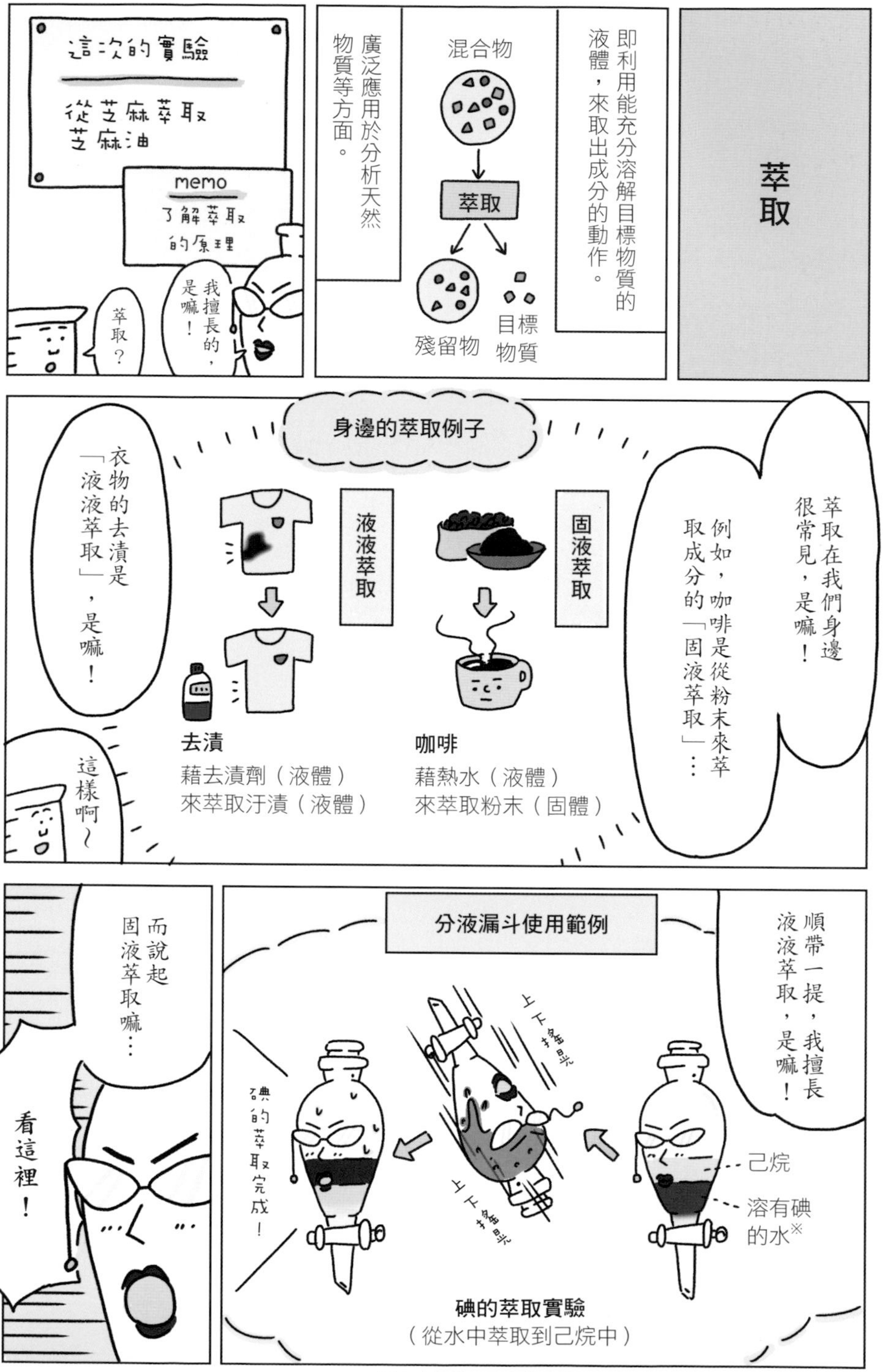
萃取
即利用能充分溶解目標物質的液體，來取出成分的動作。
混合物
萃取
殘留物
目標物質
廣泛應用於分析天然物質等方面。
這次的實驗
從芝麻萃取芝麻油
memo
了解萃取的原理
我擅長的，是嘛！
萃取？
萃取在我們身邊很常見，是嘛！
例如，咖啡是從粉末來萃取成分的「固液萃取」…
身邊的萃取例子
固液萃取
液液萃取
咖啡
藉熱水（液體）
來萃取粉末（固體）
去漬
藉去漬劑（液體）
來萃取汙漬（液體）
衣物的去漬是「液液萃取」，是嘛！
這樣啊～
順帶一提，我擅長液液萃取，是嘛！
分液漏斗使用範例
己烷
溶有碘的水※
上下搖晃
上下搖晃
碘的萃取完成！
碘的萃取實驗
（從水中萃取到己烷中）
而說起固液萃取嘛…
看這裡！

※正確的說，是溶有碘的鉀水溶液。

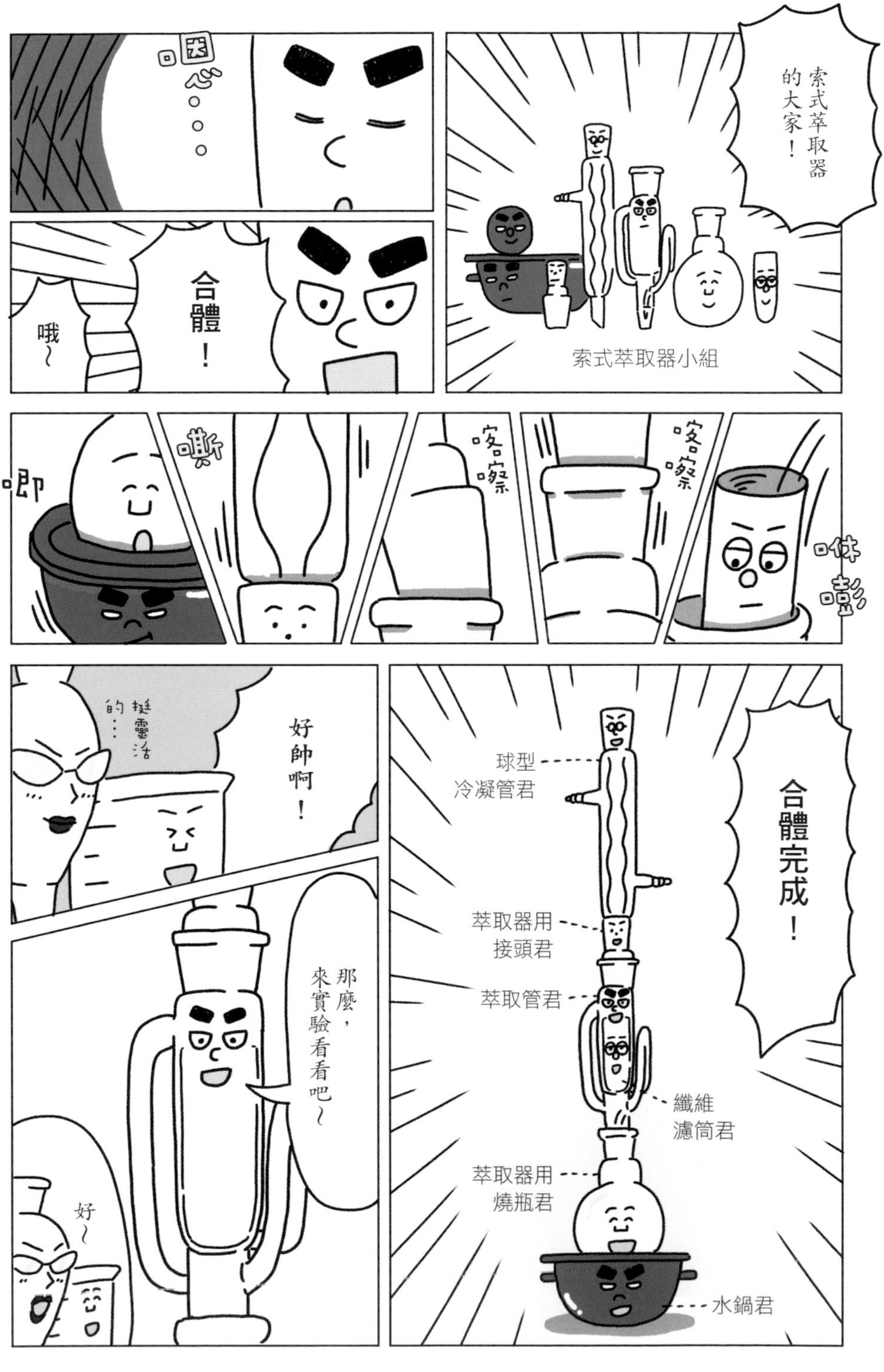
索式萃取器的大家！
索式萃取器小組
嗯～。。。
合體！
哦～
咻嘭
喀嚓
喀嚓
嘶
唧
合體完成！
球型冷凝管君
萃取器用接頭君
萃取管君
纖維濾筒君
萃取器用燒瓶君
水鍋君
好帥啊！
挺靈活的…
那麼，來實驗看看吧～
好～

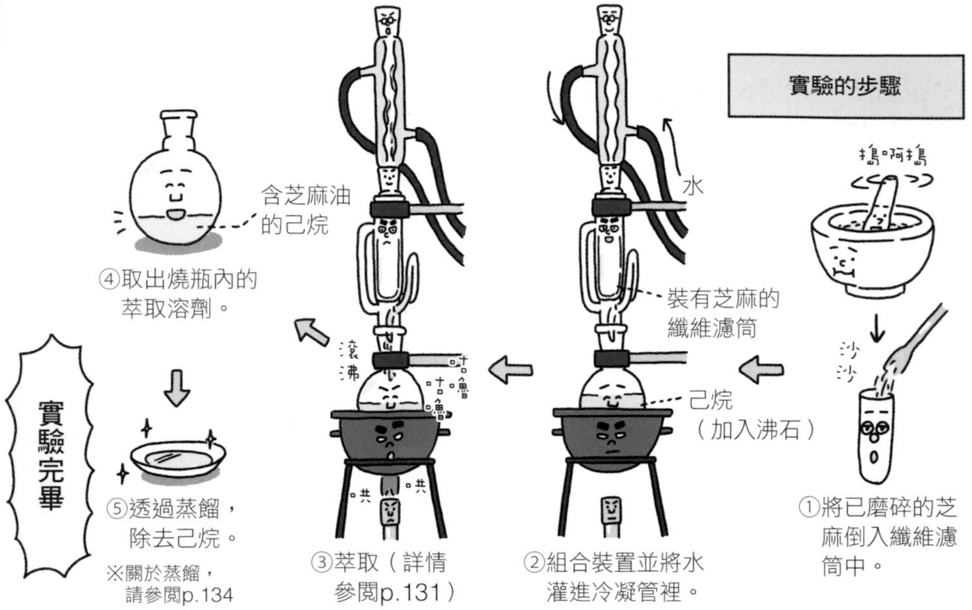
實驗的步驟
搗啊搗
沙沙
①將已磨碎的芝麻倒入纖維濾筒中。
水
裝有芝麻的纖維濾筒
己烷（加入沸石）
②組合裝置並將水灌進冷凝管裡。
滾沸
咕嚕咕嚕咕嚕
哄 哄
③萃取（詳情參閱p.131）
含芝麻油的己烷
④取出燒瓶內的萃取溶劑。
⑤透過蒸餾，除去己烷。
※關於蒸餾，請參閱p.134
實驗完畢

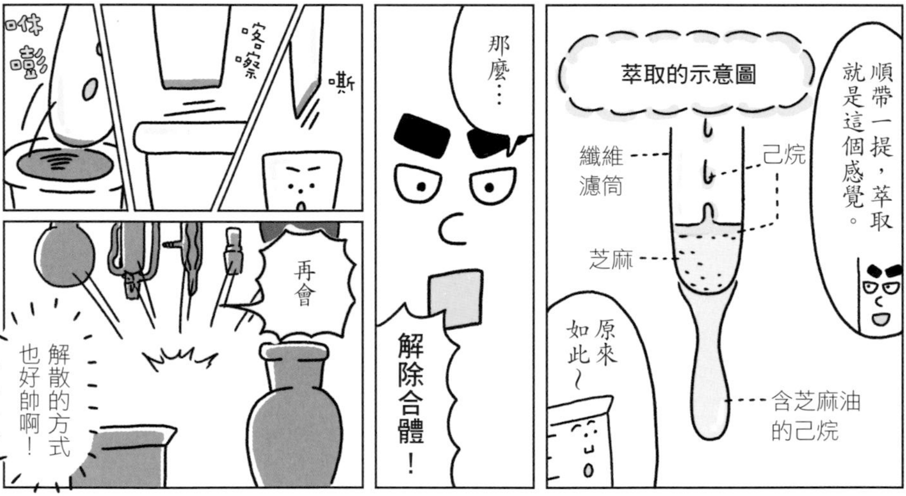
順帶一提，萃取就是這個感覺。
萃取的示意圖
纖維濾筒
己烷
芝麻
含芝麻油的己烷
原來如此~
那麼……
解除合體！
咻嘭
喀嚓
嘶
再會
解散的方式也好帥啊！

學生時代的我，會和實驗室的同學合資買即溶咖啡。某天，有位同學把咖啡容器哐啷的掉在地上，因為大家都是窮學生，所以此舉將引起眾怒。那位同學便不慌不忙的，將飛散的玻璃和咖啡粉通通掃起來，加水讓它成為水溶液，過濾後再放進試劑瓶裡，並在瓶身上註明「濃縮咖啡」，收納在藥品的陳列架上。想喝的時候，只要用熱水稀釋就行了……事情始末大概是這樣，真是抱歉！（畢竟萃取得並不嚴謹，只是類似而已）

燒杯君備忘錄

▼「索式萃取器」的名稱也很帥。

索式萃取器用萃取管君

正式名稱　索式萃取器用萃取管（extraction tube for Soxlet's extractor）

擅長技能　放入纖維濾筒，再進行萃取。

個性特色　索式萃取器的領袖。

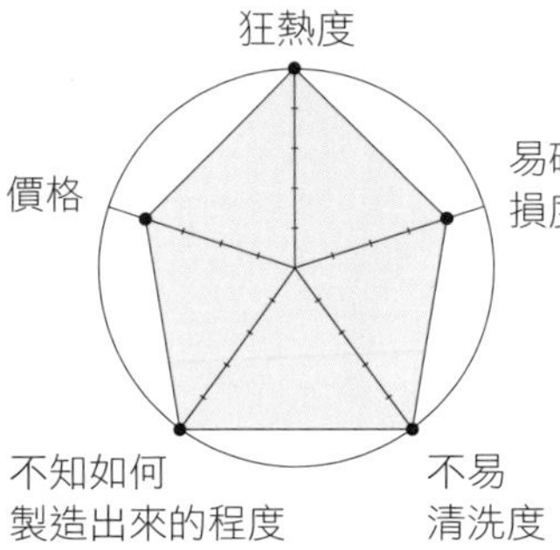
狂熱度
易破損度
不易清洗度
不知如何製造出來的程度
價格

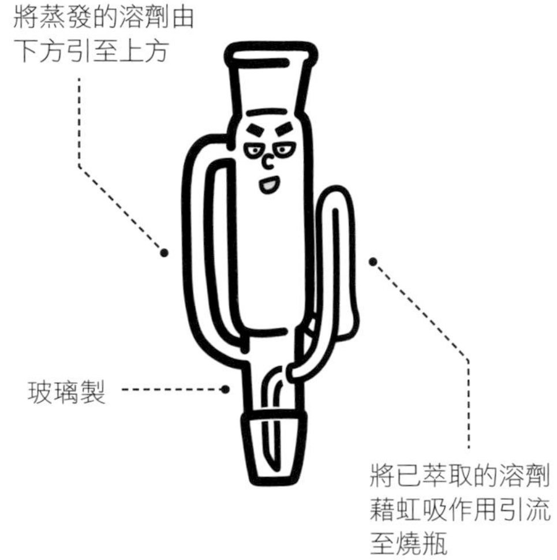
將蒸發的溶劑由下方引至上方
玻璃製
將已萃取的溶劑藉虹吸作用引流至燒瓶

索式萃取器用燒瓶君

正式名稱　索式萃取器用燒瓶（flask for Soxlet's extractor）

擅長技能　加入萃取溶劑。

個性特色　在索式萃取器中，具療癒性的存在。

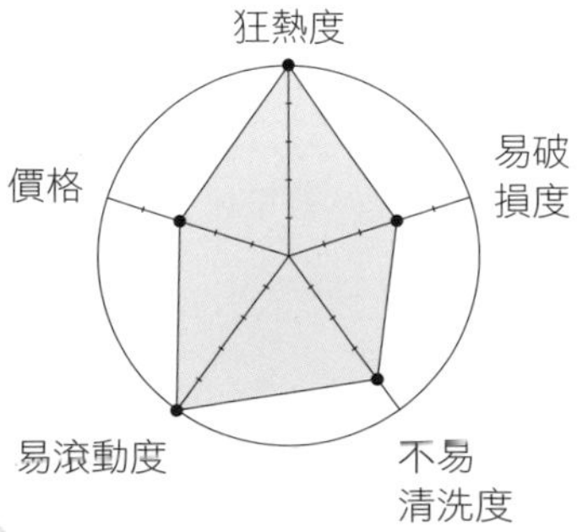
狂熱度
易破損度
不易清洗度
易滾動度
價格

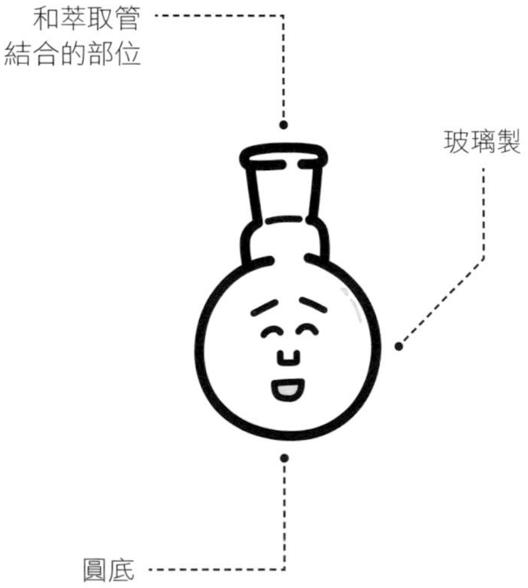
和萃取管結合的部位
玻璃製
圓底

索式萃取器之麻油萃取實驗

實驗目的

・了解索式萃取器的原理。

實驗步驟

①將已磨碎的芝麻倒進纖維濾筒中。
②組合裝置並讓水在冷凝管中流動。
③進行萃取。
④取出燒瓶內的萃取溶劑。
⑤進行蒸餾並去除己烷。

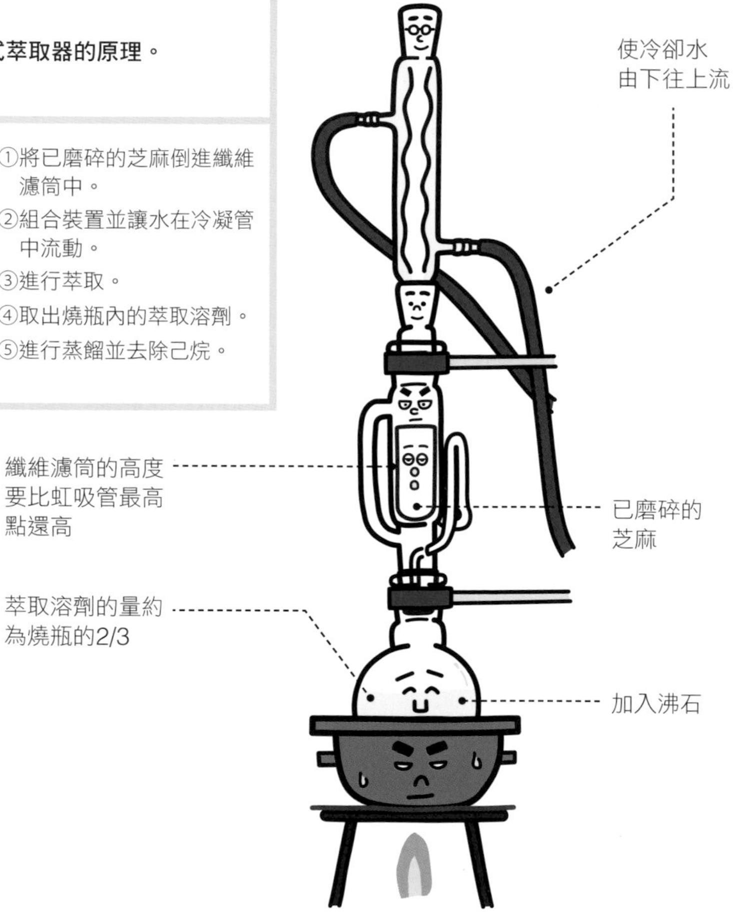
使冷卻水
由下往上流
纖維濾筒的高度
要比虹吸管最高
點還高
已磨碎的
芝麻
萃取溶劑的量約
為燒瓶的2/3
加入沸石

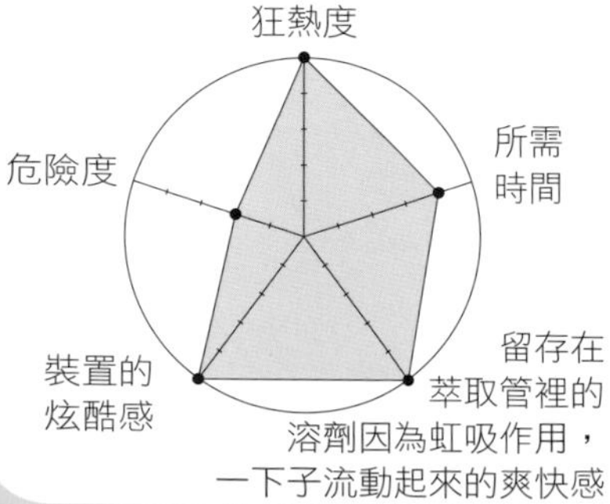
狂熱度
所需
時間
留存在
萃取管裡的
溶劑因為虹吸作用，
一下子流動起來的爽快感
裝置的
炫酷感
危險度

一點小小的忠告
Onepoint
Advice

「倒進纖維濾筒的芝麻，

大約裝七分滿。」

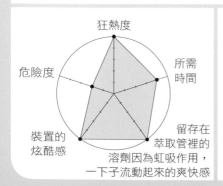

｛索式萃取器的使用方法｝ 詳細

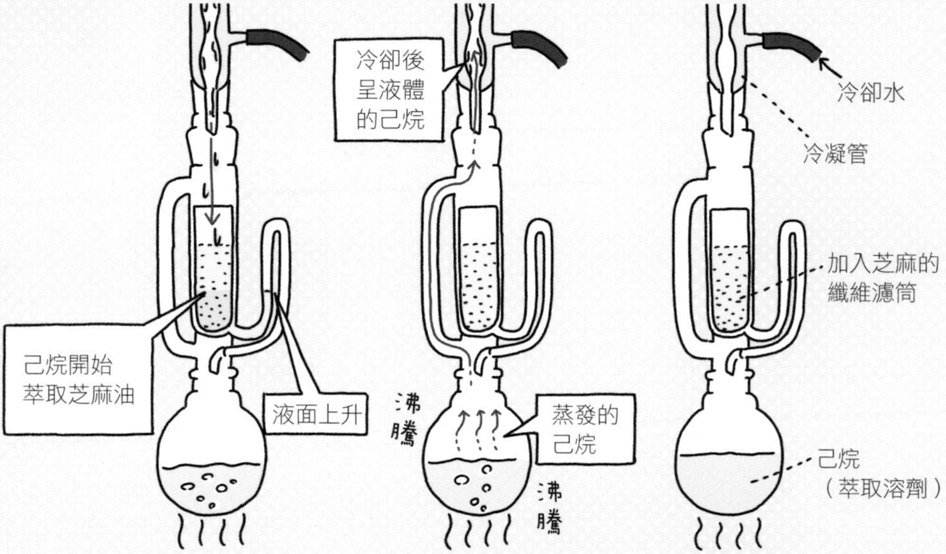
冷卻後
呈液體
的己烷
冷卻水
冷凝管
加入芝麻的
纖維濾筒
己烷開始
萃取芝麻油
液面上升
沸騰
蒸發的
己烷
沸騰
己烷
（萃取溶劑）

③呈液體的己烷滯留在萃取管中，外側管線的液面也漸漸上升。

②蒸發的己烷上升到冷凝管，並在冷卻後，呈液體狀態。

①開始加熱。

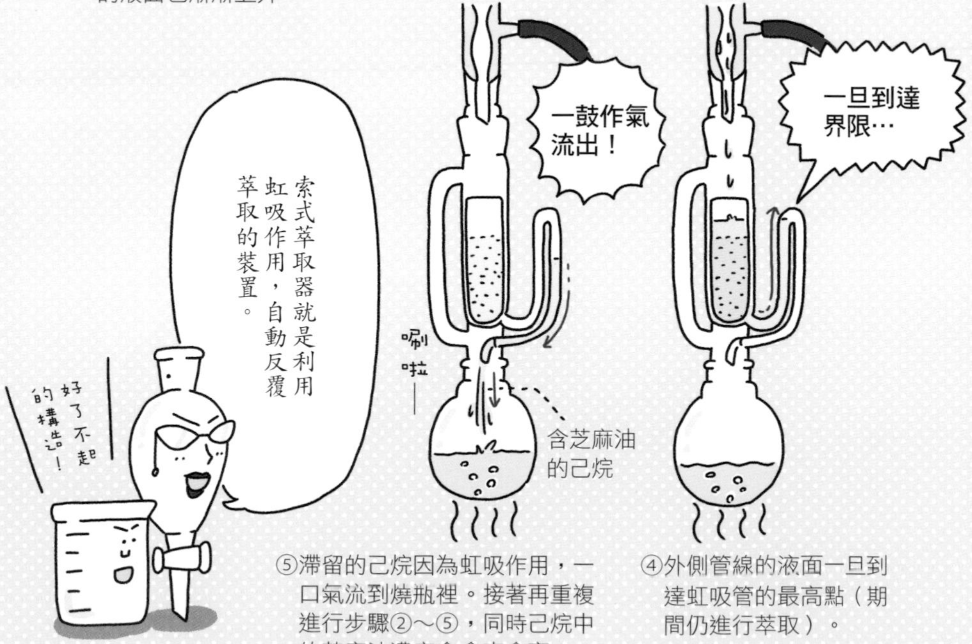
索式萃取器就是利用虹吸作用，自動反覆萃取的裝置。
好了不起的構造！
一鼓作氣
流出！
唰啦——
含芝麻油
的己烷
一旦到達
界限…

⑤滯留的己烷因為虹吸作用，一口氣流到燒瓶裡。接著再重複進行步驟②～⑤，同時己烷中的芝麻油濃度會愈來愈高。

④外側管線的液面一旦到達虹吸管的最高點（期間仍進行萃取）。

纖維濾筒君

正式名稱 纖維濾筒（cellulose extraction thimble）

擅長技能 將萃取物置於其中。

個性特色 在索式萃取器中，居於最重要的位置，但本人並不理解。

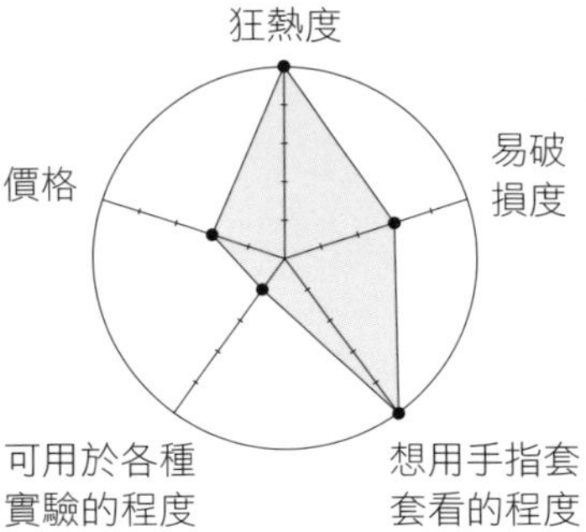
狂熱度
易破損度
想用手指套套看的程度
可用於各種實驗的程度
價格

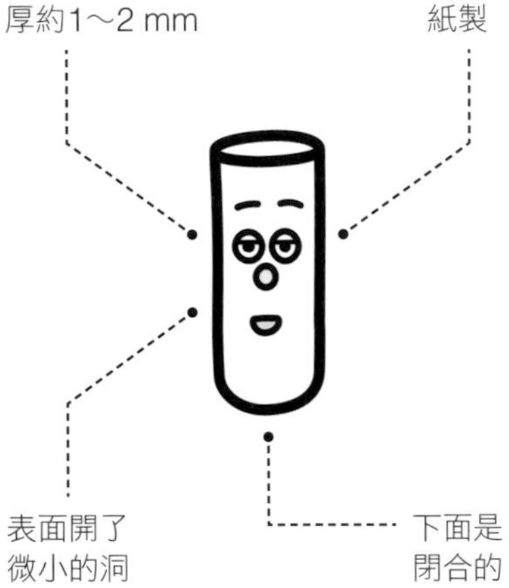
厚約1～2 mm
紙製
表面開了微小的洞
下面是閉合的

水鍋君和蓋子君

正式名稱 水鍋（water bath）

擅長技能 把水倒入後加熱。

個性特色 水鍋君因寡言無趣，所以蓋子君成了最佳代言人。

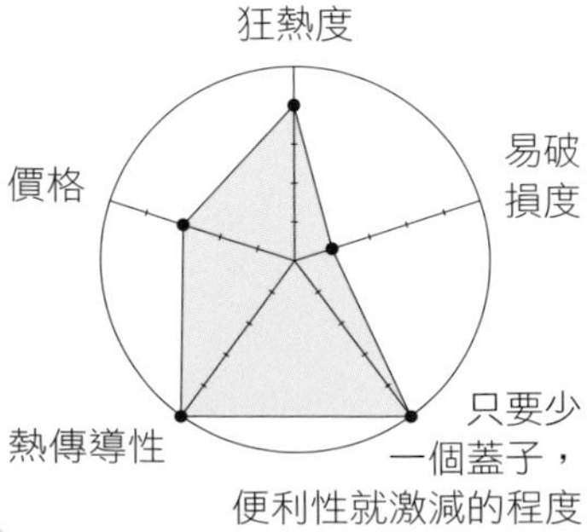
狂熱度
易破損度
只要少一個蓋子，便利性就激減的程度
熱傳導性
價格

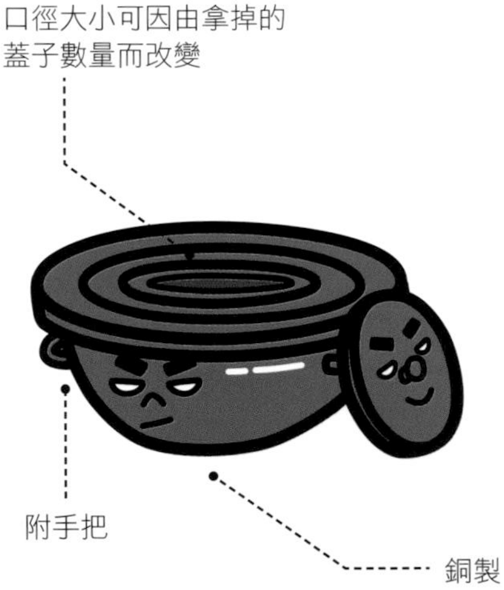
口徑大小可因由拿掉的蓋子數量而改變
附手把
銅製

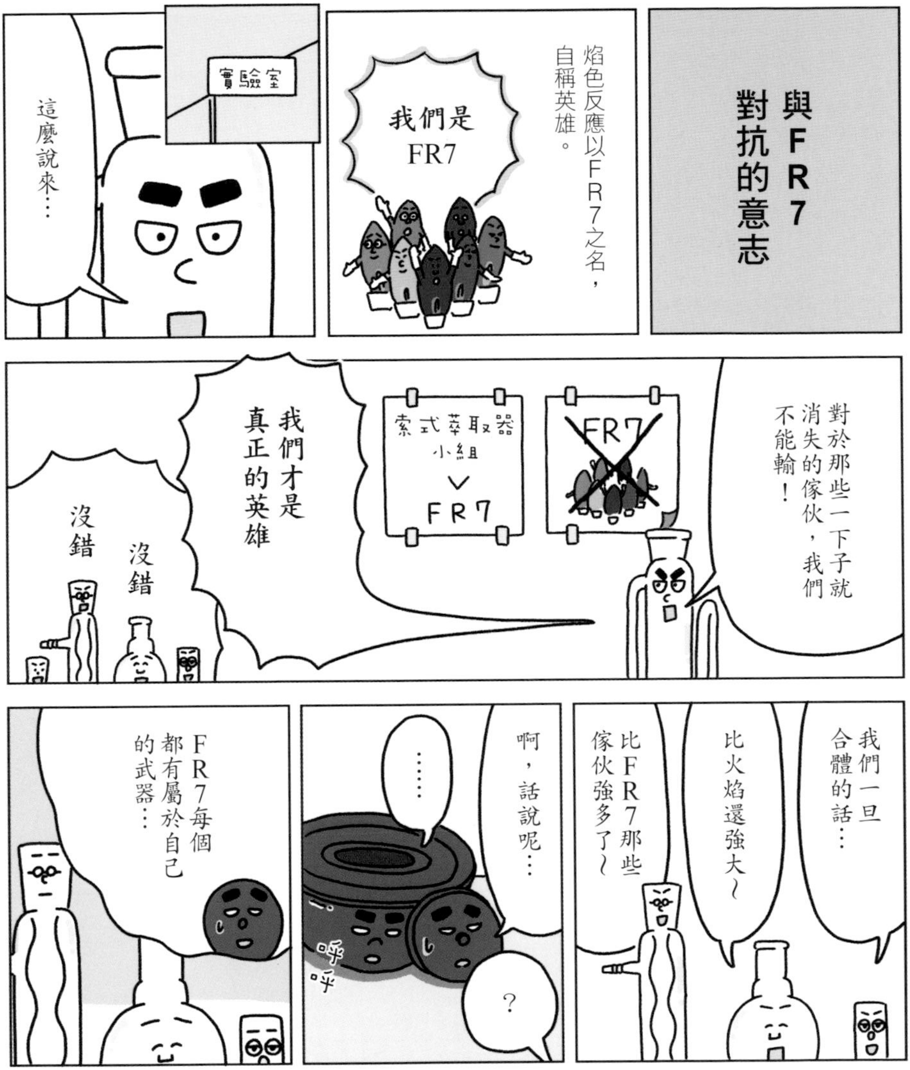
與FR7對抗的意志
焰色反應以FR7之名，自稱英雄。
我們是FR7
實驗室
這麼說來……
對於那些一下子就消失的傢伙，我們不能輸！
索式萃取器小組 > FR7
FR7
我們才是真正的英雄
沒錯
沒錯
我們一旦合體的話……
比火焰還強大~
比FR7那些傢伙強多了~
啊，話說呢……
……
呼呼
？
FR7每個都有屬於自己的武器…

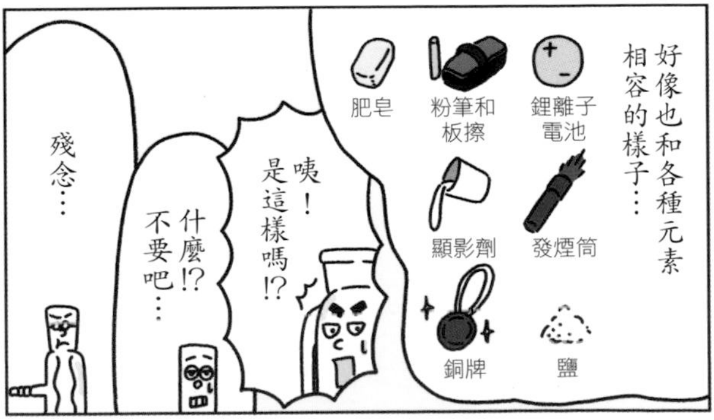
好像也和各種元素相容的樣子…
肥皂
粉筆和板擦
鋰離子電池
顯影劑
發煙筒
銅牌
鹽
咦！是這樣嗎!?
什麼!? 不要吧…
殘念…

燒杯君備忘錄

▼索式萃取器小組成員的武器會是什麼模樣呢？

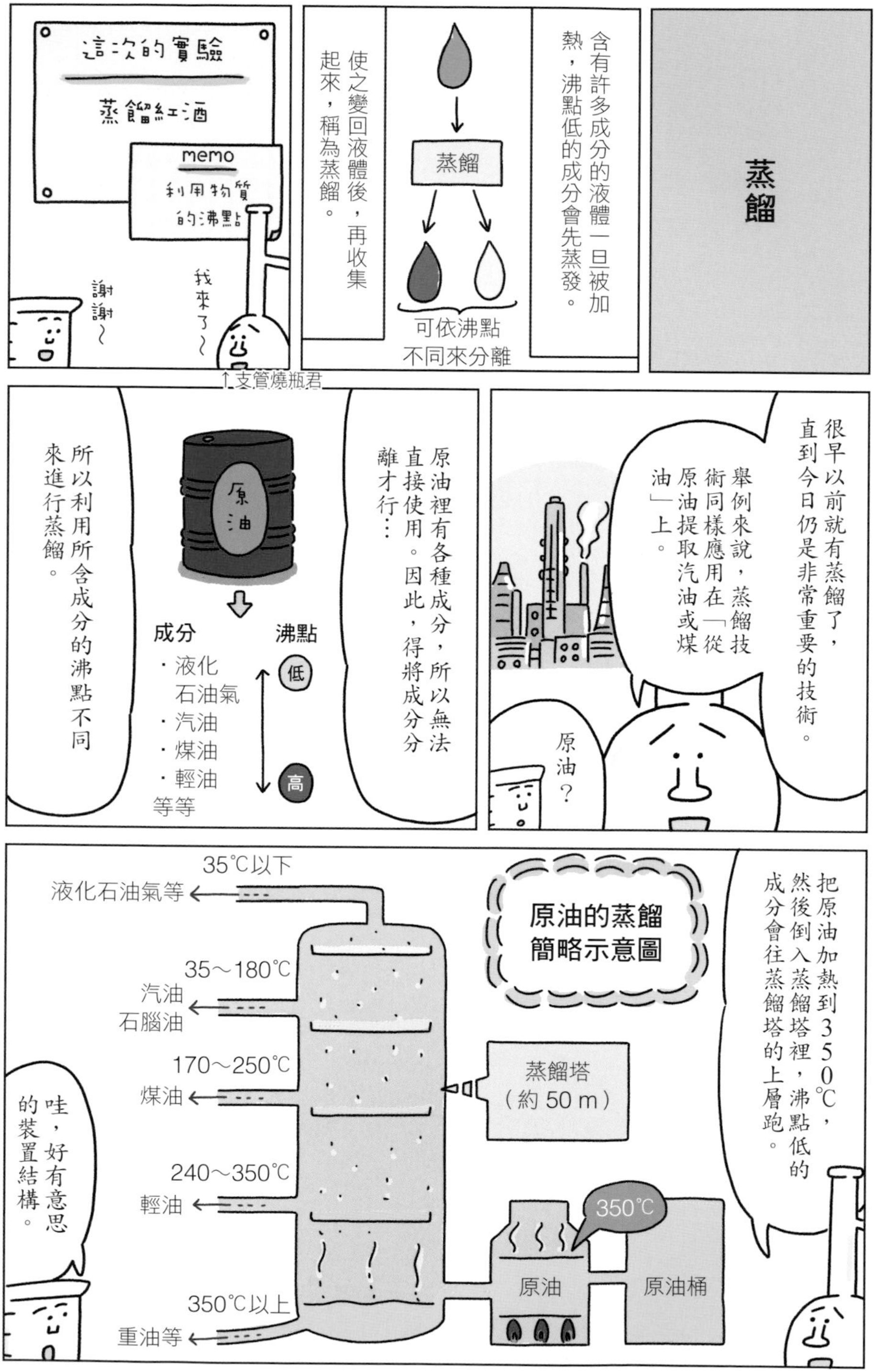
蒸餾
含有許多成分的液體一旦被加熱，沸點低的成分會先蒸發。
蒸餾
可依沸點不同來分離
使之變回液體後，再收集起來，稱為蒸餾。
這次的實驗
蒸餾紅酒
memo
利用物質的沸點
我來了～
謝謝～
↑支管燒瓶君
很早以前就有蒸餾了，直到今日仍是非常重要的技術。
舉例來說，蒸餾技術同樣應用在「從原油提取汽油或煤油」上。
原油？
原油裡有各種成分，所以無法直接使用。因此，得將成分分離才行…
原油
成分
·液化石油氣
·汽油
·煤油
·輕油
等等
沸點
低
高
所以利用所含成分的沸點不同來進行蒸餾。
把原油加熱到350℃，然後倒入蒸餾塔裡，沸點低的成分會往蒸餾塔的上層跑。
原油的蒸餾簡略示意圖
35℃以下
液化石油氣等
35～180℃
汽油
石腦油
170～250℃
煤油
240～350℃
輕油
350℃以上
重油等
蒸餾塔
（約 50 m）
350℃
原油
原油桶
哇，好有意思的裝置結構。

順帶一提，「輕油和重油」是以沸點的高低來區分，沸點低的成分稱為「輕油」，反之稱為「重油」。
與輕型車※的燃料沒有關係喔！
真容易誤會～
其他包括威士忌等酒類或香水，也會用到蒸餾技術。
威士忌或日本燒酒
海水淡化
香水
接下來，這次主題的紅酒…
利用蒸餾來取出乙醇（酒精成分）
是水和乙醇的混合物。
那麼，來實驗看看吧。
好～

※輕型車又叫K-Car，是日本的一種小型汽車。

紅酒的蒸餾

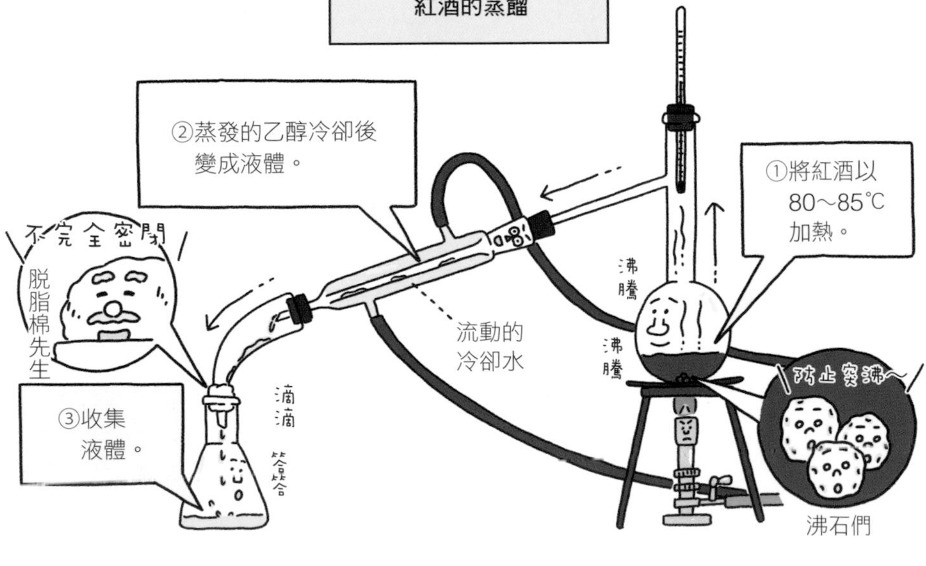
①將紅酒以80～85℃加熱。
②蒸發的乙醇冷卻後變成液體。
③收集液體。
流動的冷卻水
不完全密閉
脫脂棉先生
沸騰
沸騰
滴滴
答答
防止突沸～
沸石們

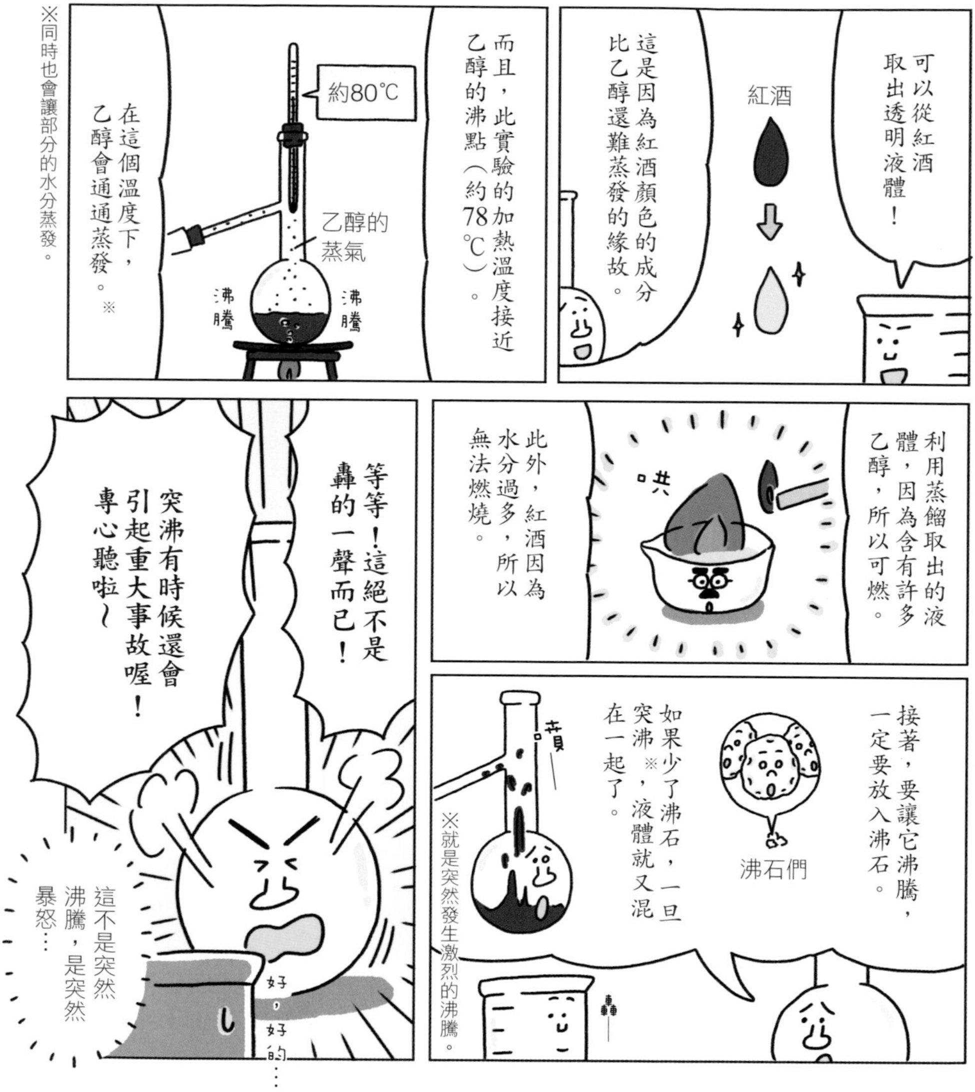
可以從紅酒取出透明液體！
紅酒
這是因為紅酒顏色的成分比乙醇還難蒸發的緣故。
而且，此實驗的加熱溫度接近乙醇的沸點（約78℃）。
約80℃
乙醇的蒸氣
沸騰
沸騰
在這個溫度下，乙醇會通通蒸發。※
※同時也會讓部分的水分蒸發。
利用蒸餾取出的液體，因為含有許多乙醇，所以可燃。
哄
此外，紅酒因為水分過多，所以無法燃燒。
接著，要讓它沸騰，一定要放入沸石。
沸石們
如果少了沸石，一旦突沸※，液體就又混在一起了。
噴
轟
※就是突然發生激烈的沸騰。
等等！這絕不是轟的一聲而已！
突沸有時候還會引起重大事故喔！專心聽啦～
這不是突然沸騰，是突然暴怒…
好，好的…

學習蒸餾時，任誰都會想到蒸餾酒的製造（咦，沒想過嗎？）我曾經以生物課傳授的酒精發酵的知識當做基礎，著手收集大量的乾酵母、調配葡萄糖溶液，然後用溫度30℃來加熱，大費周章的準備一切。好不容易到了蒸餾階段，心想實驗室裡應該有很多乙醇吧（甲醇是不能喝的喔），只要用蒸餾水稀釋數倍……好孩子千萬不要學喔～（未成年絕不能喝酒）

燒杯君備忘錄

▼不放入沸石，支管燒瓶君會生氣。

紅酒的蒸餾實驗

實驗目的

- **了解蒸餾的原理。**

實驗步驟

①將紅酒倒進支管燒瓶中。
②組合裝置並開始加熱。
③維持在80℃左右。
④收集蒸餾出來的液體。

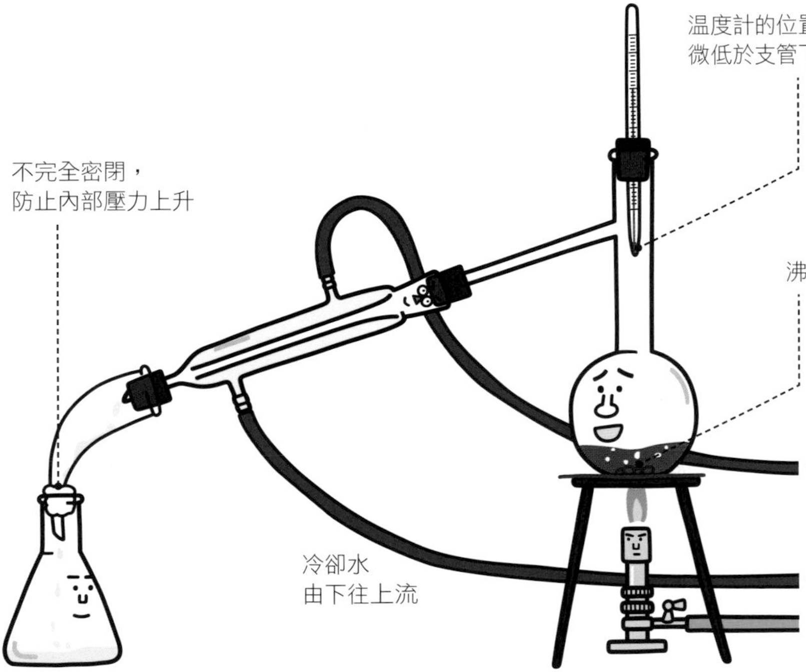
溫度計的位置稍
微低於支管下方
不完全密閉，
防止內部壓力上升
沸石
→水
←水
冷卻水
由下往上流

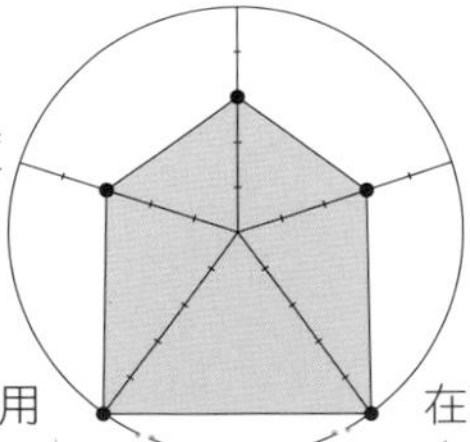
狂熱度
所需
時間
在意蒸餾
出的乙醇
濃度的程度
也想用
其他酒類
來嘗試的程度
危險度

一點小小的忠告
Onepoint
Advice

「忘記放入沸石時，

得等溫度下降後

再放進去。」

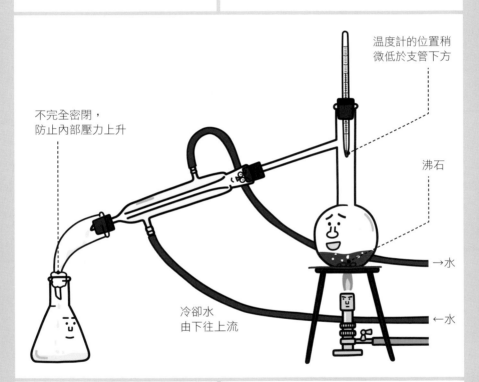

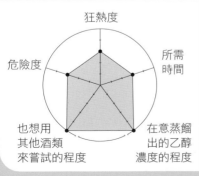

沸石們

正式名稱 沸石
（boiling stone）

擅長技能 含有氣泡，可防止突沸。

個性特色 因口中也有氣泡，所以嘴巴總是開開的。

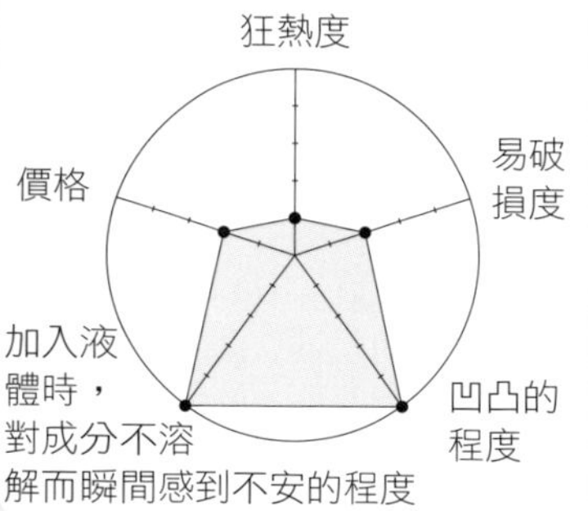

狂熱度
易破損度
凹凸的程度
加入液體時，對成分不溶解而瞬間感到不安的程度
價格

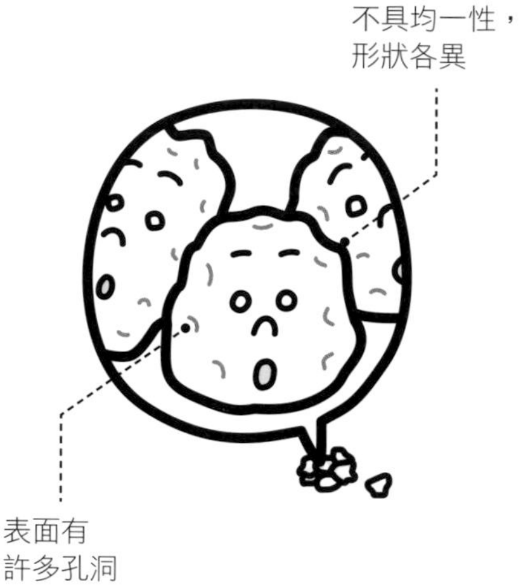

不具均一性，形狀各異
表面有許多孔洞

脫脂棉先生

正式名稱 脫脂棉
（absorbent cotton）

擅長技能 當成可讓空氣流通的蓋子使用。

個性特色 總是呵呵笑臉的大叔。

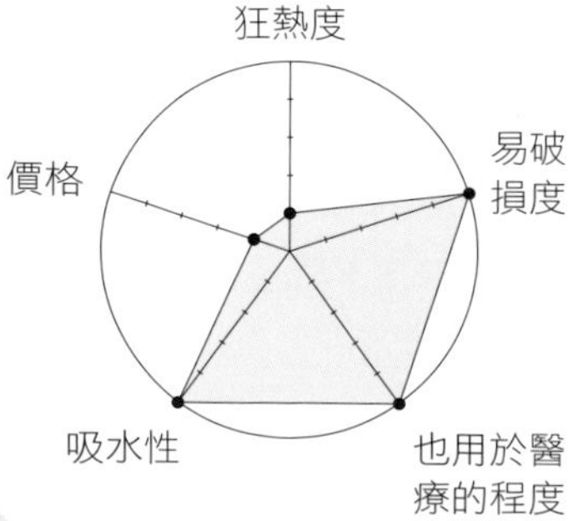

狂熱度
易破損度
也用於醫療的程度
吸水性
價格

擁有不論什麼形狀，都能變形的柔軟度
藉強鹼完成脫脂處理

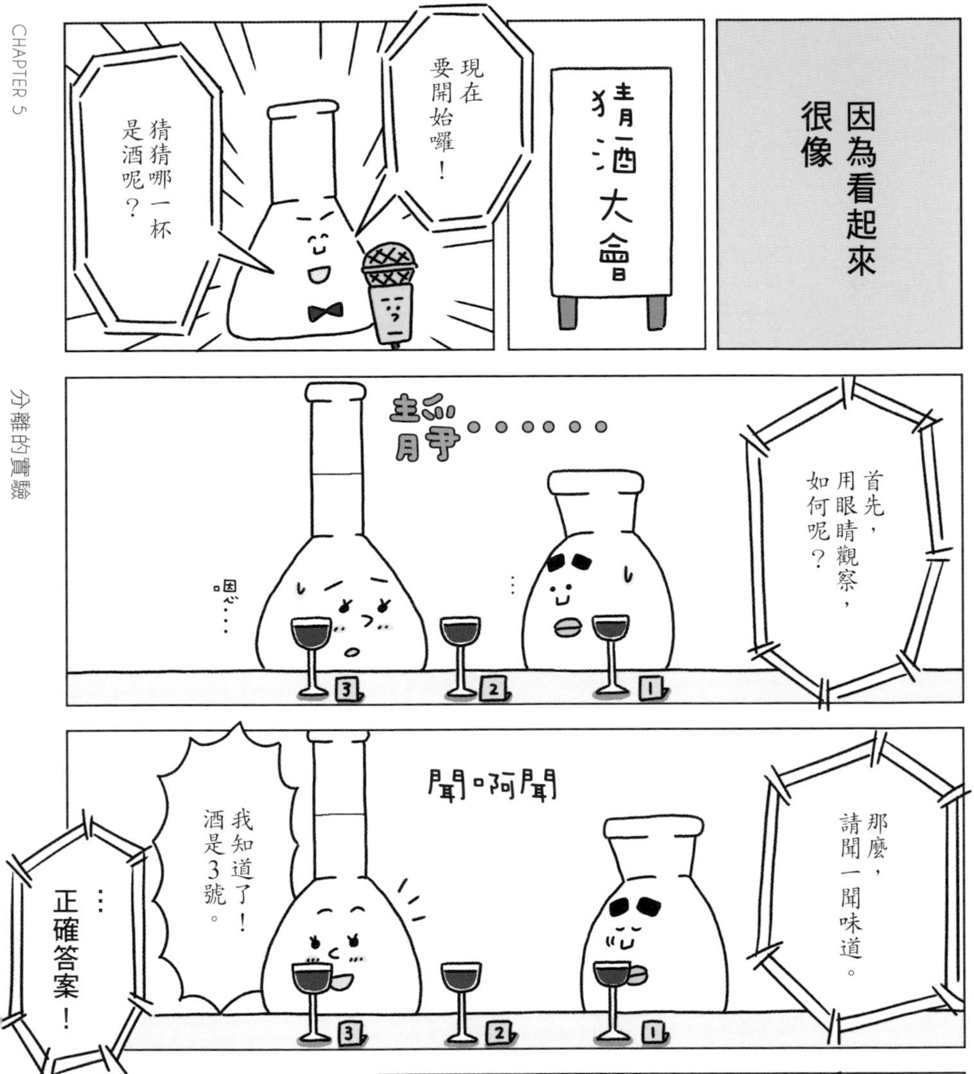

因為看起來很像
猜酒大會
現在要開始囉！
猜猜哪一杯是酒呢？
首先，用眼睛觀察，如何呢？
靜……
……
嗯……
那麼，請聞一聞味道。
聞啊聞
我知道了！酒是3號。
……正確答案！

燒杯君備忘錄

▼**2號是非常危險的液體啊！**

順帶一提，其他兩個是～
葡萄汁
氫氧化鈉水溶液（加了酚酞）
咦!?等一下！2號、2號！

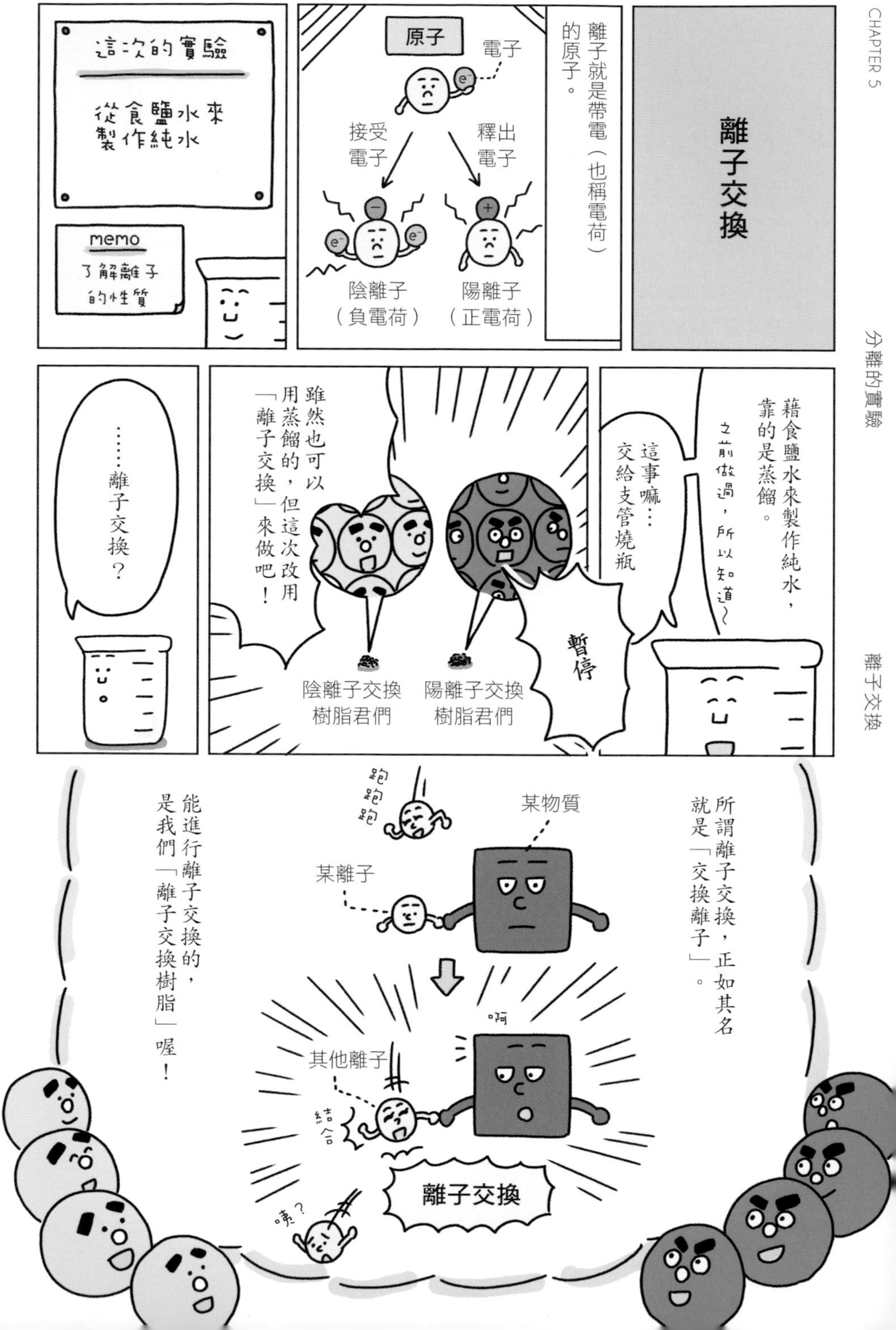
離子交換
離子就是帶電（也稱電荷）的原子。
原子
電子
接受電子
釋出電子
陰離子（負電荷）
陽離子（正電荷）
這次的實驗
從食鹽水來製作純水
memo
了解離子的性質
藉食鹽水來製作純水，靠的是蒸餾。
之前做過，所以知道～
這事嘛…交給支管燒瓶
暫停
雖然也可以用蒸餾的，但這次改用「離子交換」來做吧！
陽離子交換樹脂君們
陰離子交換樹脂君們
……離子交換？
所謂離子交換，正如其名就是「交換離子」。
跑跑跑
某物質
某離子
啊
其他離子
結合
離子交換
噴？
能進行離子交換的，是我們「離子交換樹脂」喔！

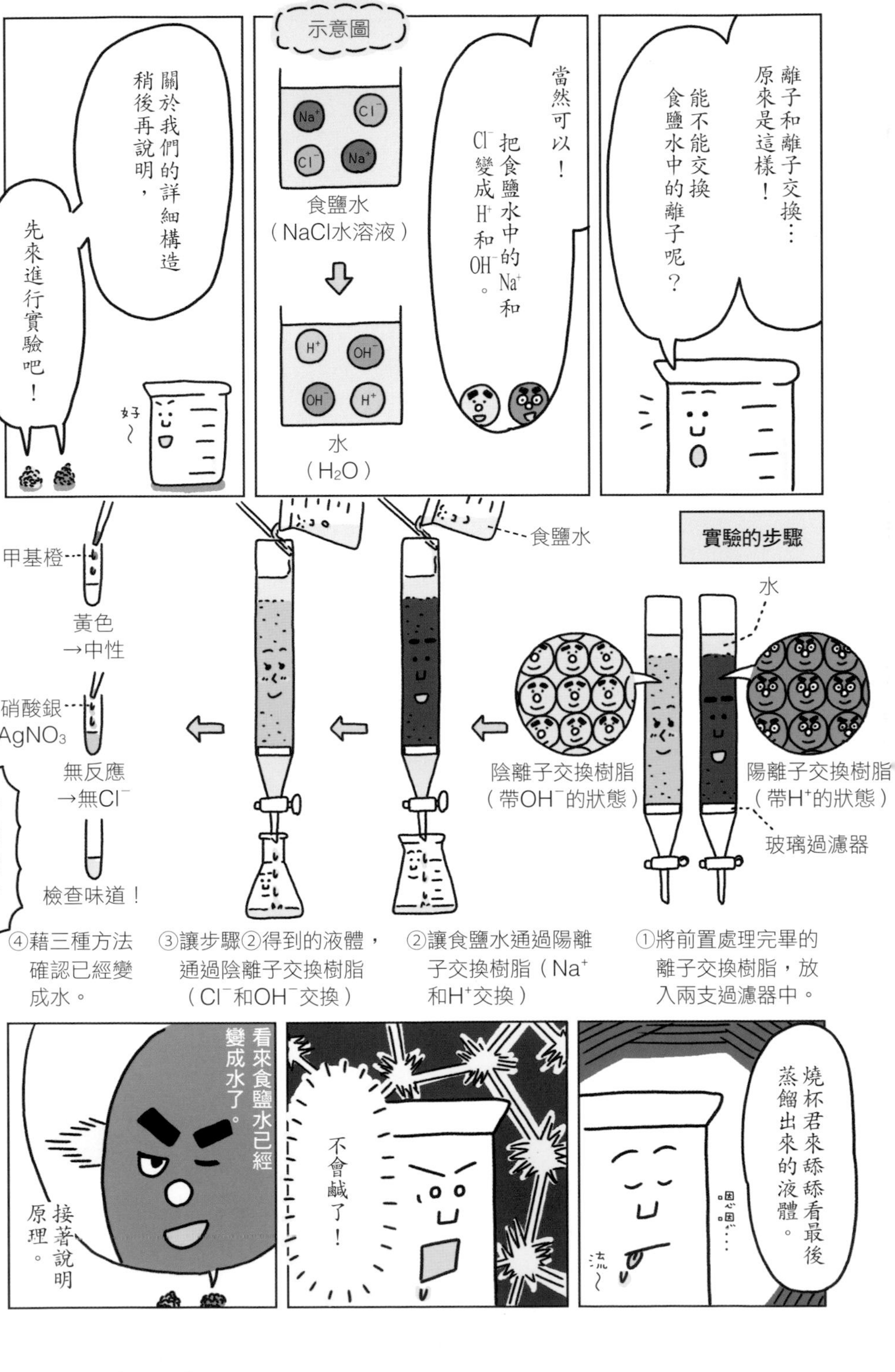
離子和離子交換…原來是這樣！
能不能交換食鹽水中的離子呢？
示意圖
Na^+ Cl^- Cl^- Na^+
食鹽水
（NaCl水溶液）
H^+ OH^- OH^- H^+
水
（H_2O）
當然可以！
把食鹽水中的Na^+和Cl^-變成H^+和OH^-。
關於我們的詳細構造稍後再說明，
先來進行實驗吧！
好～
實驗的步驟
水
陽離子交換樹脂（帶H^+的狀態）
陰離子交換樹脂（帶OH^-的狀態）
玻璃過濾器
食鹽水
甲基橙
黃色→中性
硝酸銀$AgNO_3$
無反應→無Cl^-
檢查味道！
①將前置處理完畢的離子交換樹脂，放入兩支過濾器中。
②讓食鹽水通過陽離子交換樹脂（Na^+和H^+交換）
③讓步驟②得到的液體，通過陰離子交換樹脂（Cl^-和OH^-交換）
④藉三種方法確認已經變成水。
實驗完畢
燒杯君來舔舔看最後蒸餾出來的液體。
嗯嗯……
流～
不會鹹了！
看來食鹽水已經變成水了。
接著說明原理。

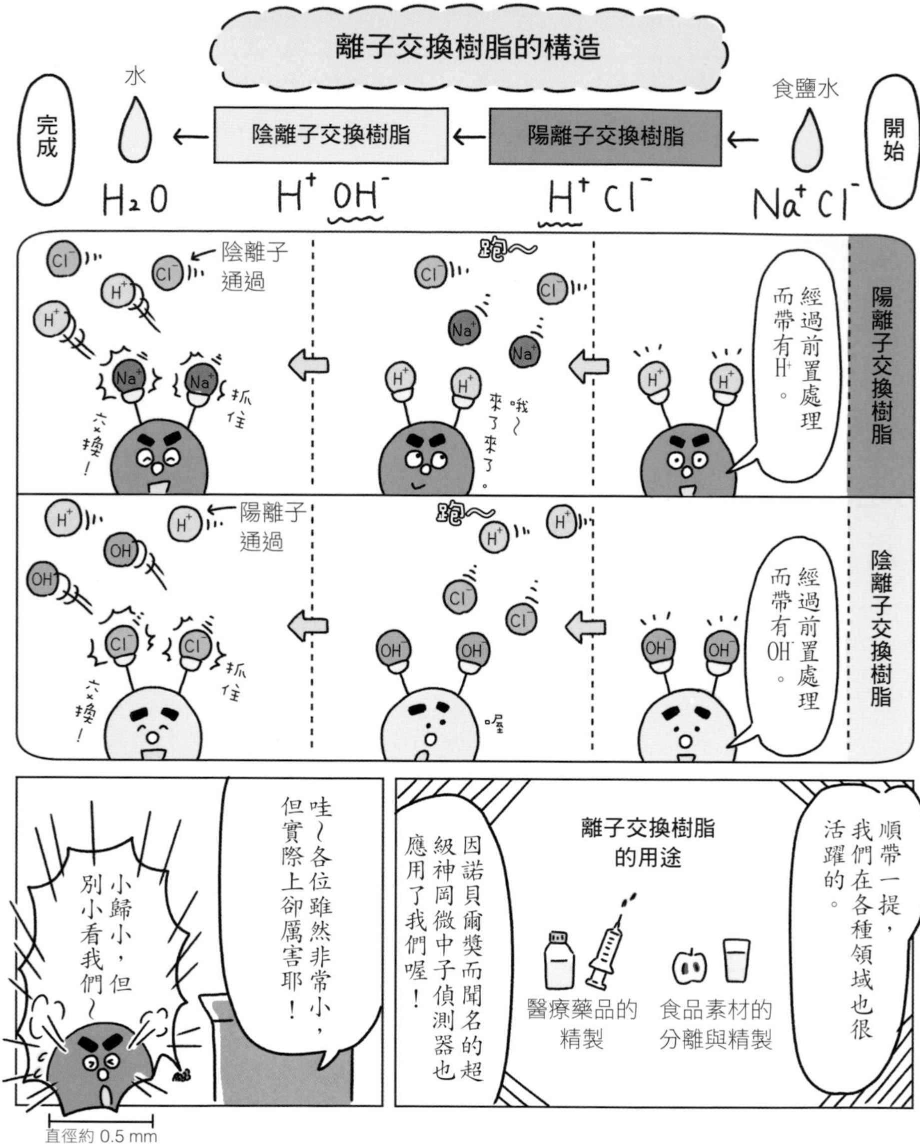
離子交換樹脂的構造
開始
食鹽水
陽離子交換樹脂
陰離子交換樹脂
水
完成
Na^+Cl^-
H^+Cl^-
H^+OH^-
H_2O
陽離子交換樹脂
經過前置處理而帶有H^+。
跑～
哦～來了來了。
陰離子通過
抓住
交換！
陰離子交換樹脂
經過前置處理而帶有OH^-。
跑～
喔
陽離子通過
抓住
交換！
順帶一提，我們在各種領域也很活躍的。
離子交換樹脂的用途
醫療藥品的精製
食品素材的分離與精製
因諾貝爾獎而聞名的超級神岡微中子偵測器也應用了我們喔！
哇～各位雖然非常小，但實際上卻厲害耶！
小歸小，但別小看我們～
直徑約 0.5 mm

燒杯君備忘錄

▼離子交換樹脂君們一旦聚集，可發揮驚人的力量。

離子交換是高端科學的一環。它和日本某大超市藉「イ〇ン」※之名，進行用點數交換商品不一樣哦（那是當然的）。離子交換中的主角離子交換樹脂君們，擁有去除阻礙實驗的雜亂離子（實驗目的以外）之力量。在嚴密的實驗分析中，即使是微量的離子反應也會成為問題，因此蒸餾水也要經過離子交換才能使用。但是，據說除去離子的水不僅不可口，大量喝下肚還會鬧肚子。切勿飲用喔！

※イ〇ン音同イオン（離子）。

藉食鹽水製作純水的實驗

實驗目的

- **體驗離子交換。**

實驗步驟

①將前置處理完畢的離子交換樹脂放入過濾器中。
②讓食鹽水流過陽離子交換樹脂。
③將步驟②得到的液體，通過陰離子交換樹脂。
④確認已變成水。

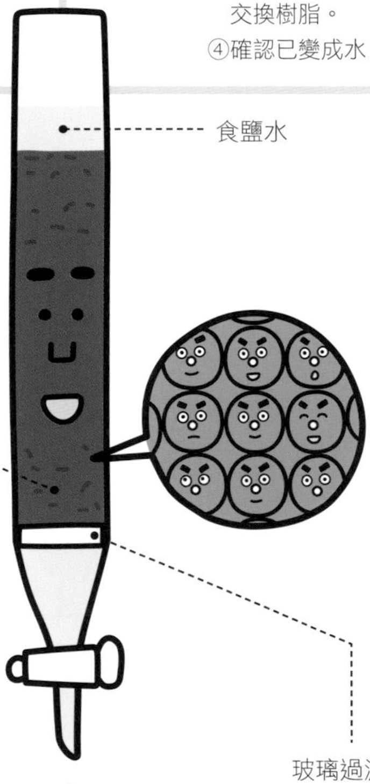
食鹽水
均勻塞滿離子交換樹脂，不要讓氣泡進入
玻璃過濾器

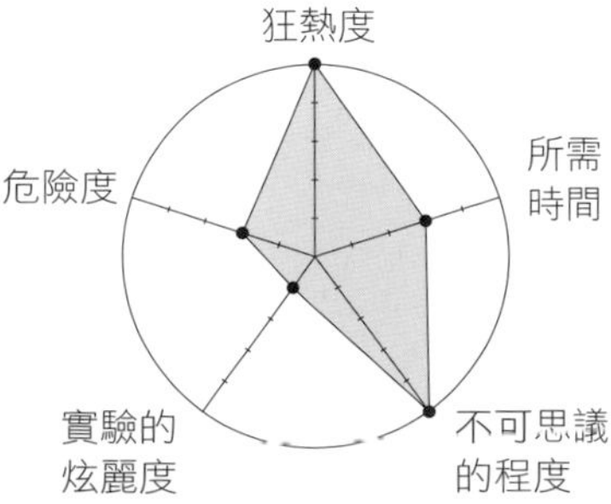
狂熱度
所需時間
不可思議的程度
實驗的炫麗度
危險度

一點小小的忠告
Onepoint Advice

「離子交換樹脂再生後，
可再重複使用。」

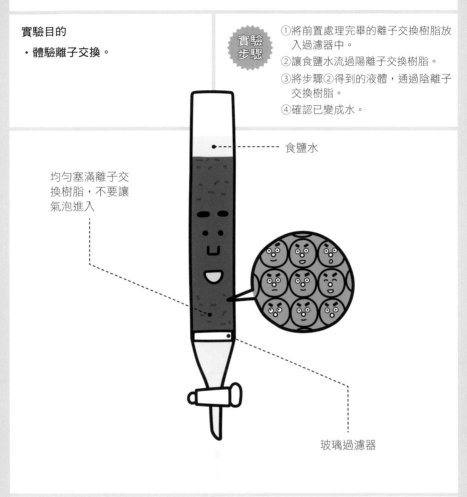

陽離子交換樹脂君們

正式名稱 陽離子交換樹脂（cation-exchange resin）

擅長技能 置換陽離子。

個性特色 昂揚的眉是迷人之處。

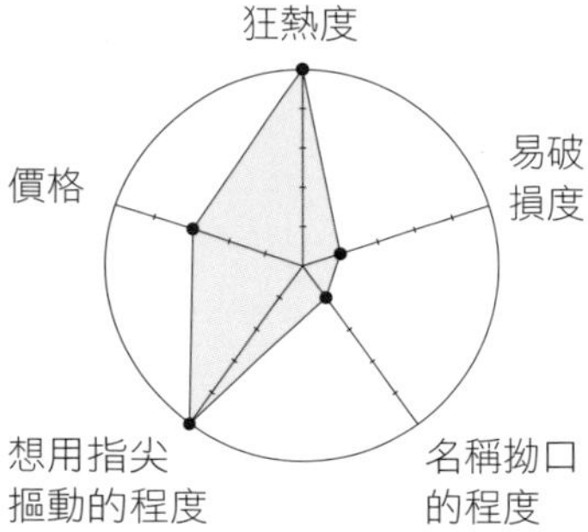
狂熱度
易破損度
名稱拗口的程度
想用指尖摳動的程度
價格

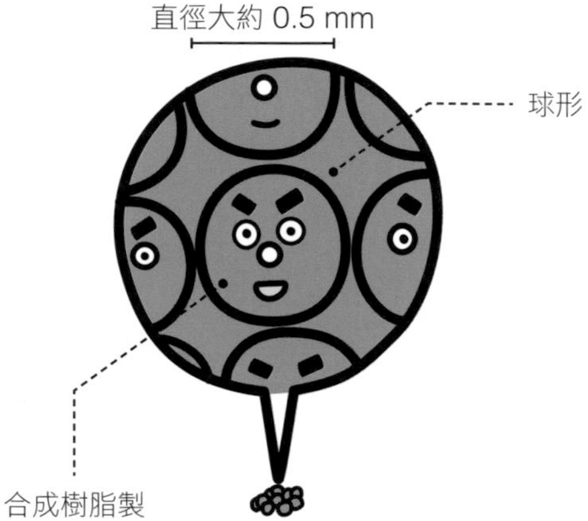
直徑大約 0.5 mm
球形
合成樹脂製

陰離子交換樹脂君們

正式名稱 陰離子交換樹脂（anion-exchange resin）

擅長技能 置換陰離子。

個性特色 倒八字眉是迷人之處。

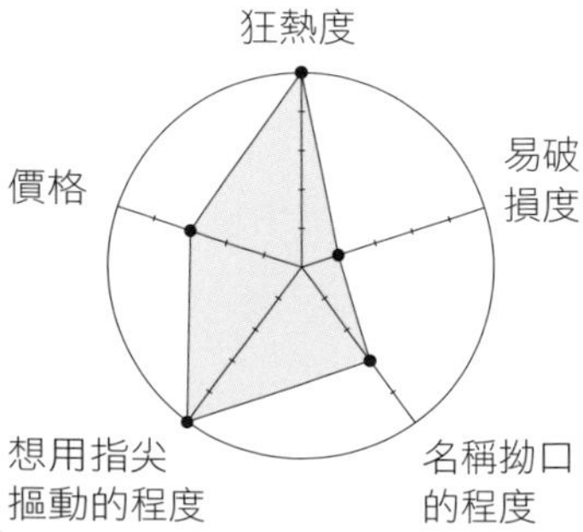
狂熱度
易破損度
名稱拗口的程度
想用指尖摳動的程度
價格

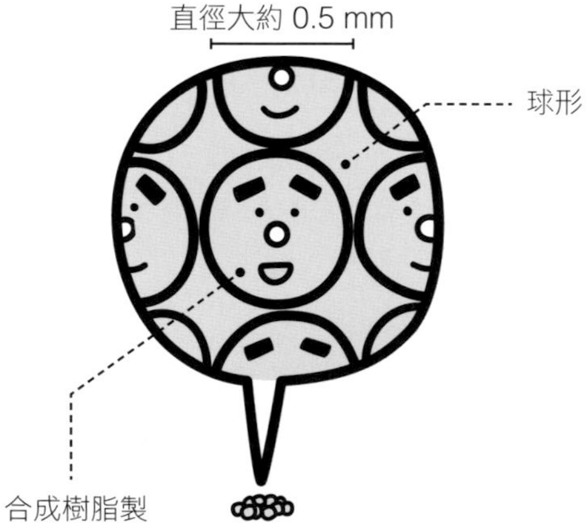
直徑大約 0.5 mm
球形
合成樹脂製

{ 實驗用水的種類 }

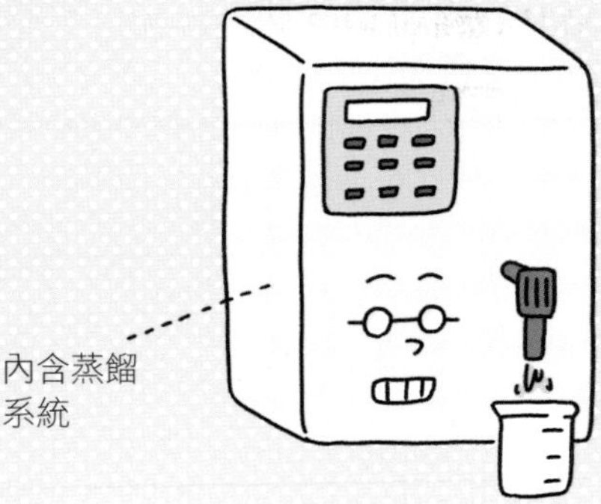
內含蒸餾系統

蒸餾水

→利用蒸餾去除了不純物質（如離子、有機物和真菌等）的水。

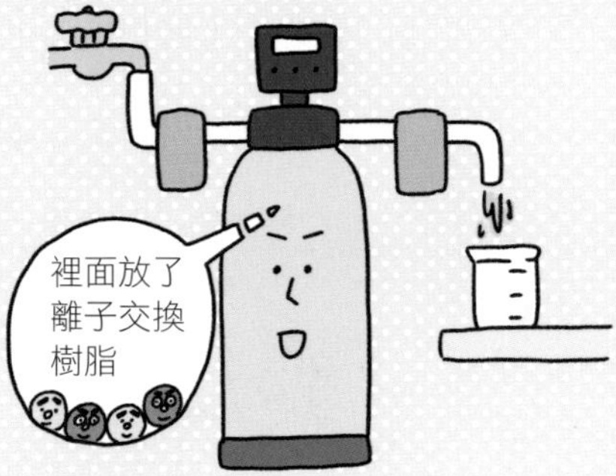
裡面放了離子交換樹脂

離子交換水

→已去除金屬離子等離子成分的水。

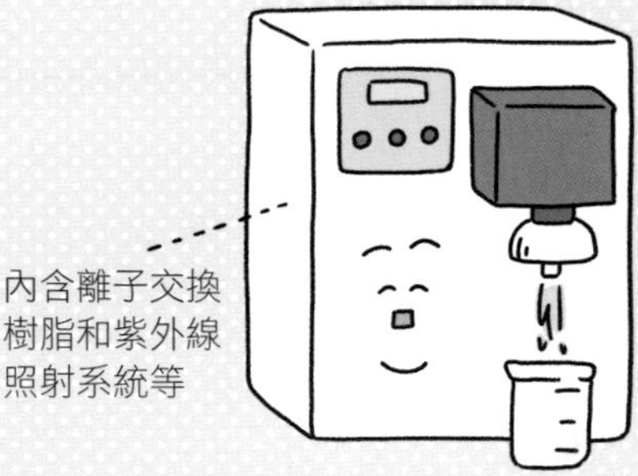
內含離子交換樹脂和紫外線照射系統等

超純水

→將若干方法組合起來，並將不純物質去除到極限的水。對物質有很高的溶解能力，也應用在半導體的清洗上。

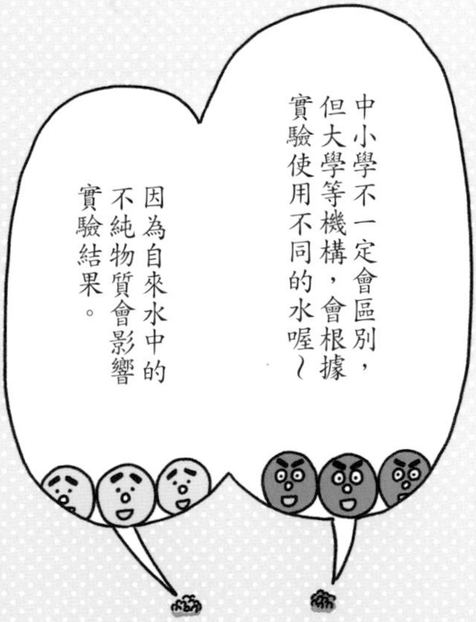
中小學不一定會區別，但大學等機構，會根據實驗使用不同的水喔～
因為自來水中的不純物質會影響實驗結果。

沉澱
所謂沉澱，就是因化學反應所生成的固體物質及其現象。
滴答
滴答
出現沉澱
這次的實驗
分離樣本裡的金屬離子（Ag^+、Cu^{2+}、Fe^{3+}、Mn^{2+}、Ca^{2+}、Na^+）
memo
了解金屬離子的性質
濾紙君
嗨
你好
這個實驗也稱做系統分離，是將樣本所含的金屬離子一個一個分離出來。
咦？那要怎麼做呢？
利用沉澱反應啊！
沉澱
沉澱反應？
例如溶液裡若有Ag^+，加入鹽酸後，就會產生沉澱。
然後只要過濾並取出沉澱物，Ag^+的分離就完成了。
稀鹽酸
含Ag^+的溶液
產生沉澱（AgCl）
過濾
Ag^+的分離完成
但必須注意的是「有的離子會引起共同的沉澱反應」，
例如，不只是銀離子Ag^+，鉛離子Pb^{2+}也會和鹽酸反應，產生沉澱。

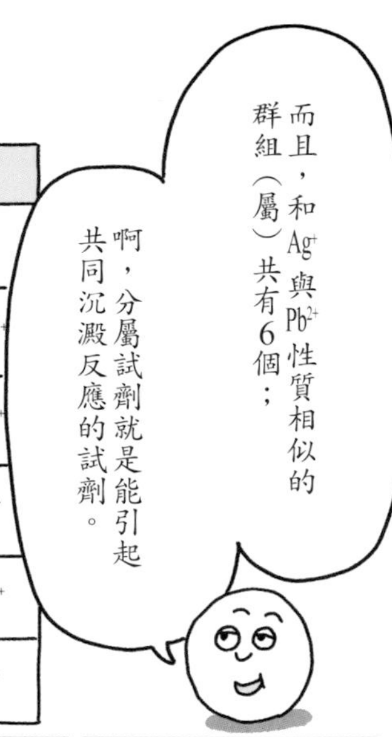
而且，和Ag^+與Pb^{2+}性質相似的群組（屬）共有6個；
啊，分屬試劑就是能引起共同沉澱反應的試劑。

金屬離子的分類

屬	分屬試劑	金屬離子
I	稀鹽酸	Ag^+、Pb^{2+}
II	硫化氫（酸性條件下）	Cu^{2+}、Hg^{2+}、Cd^{2+}
III	氨水	Al^{3+}、Fe^{3+}、Cr^{3+}
IV	硫化氫（鹼性條件下）	Mn^{2+}、Ni^{2+}、Zn^{2+}
V	碳酸銨水溶液	Ca^{2+}、Ba^{2+}、Sr^{2+}
VI	無	Na^+、K^+、Mg^{2+}

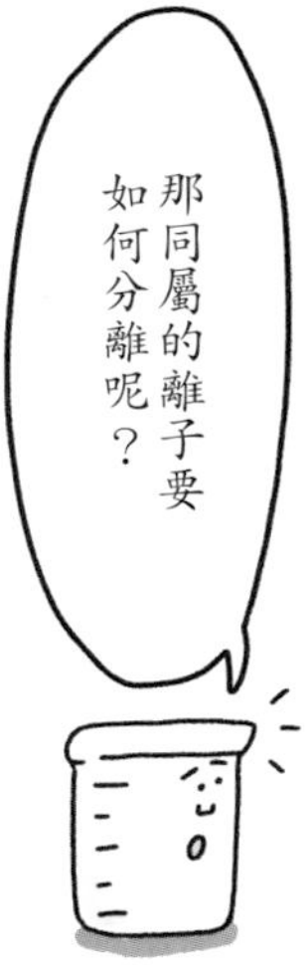
那同屬的離子要如何分離呢？

沒問題！
還是可以進行分離的。

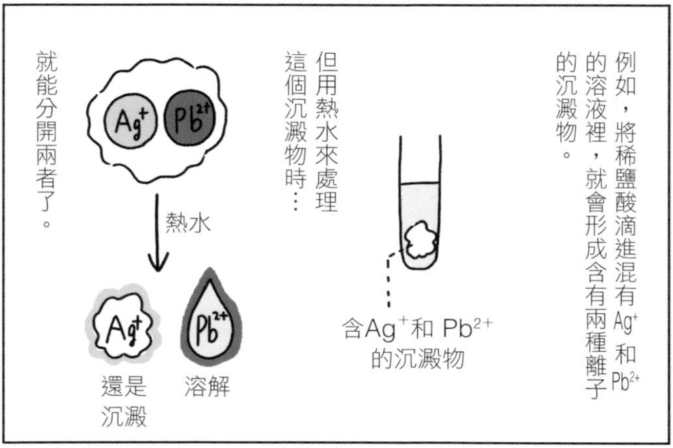
例如，將稀鹽酸滴進混有Ag^+和Pb^{2+}的溶液裡，就會形成含有兩種離子的沉澱物。
含Ag^+和Pb^{2+}的沉澱物
但用熱水來處理這個沉澱物時…
熱水
還是沉澱
溶解
就能分開兩者了。

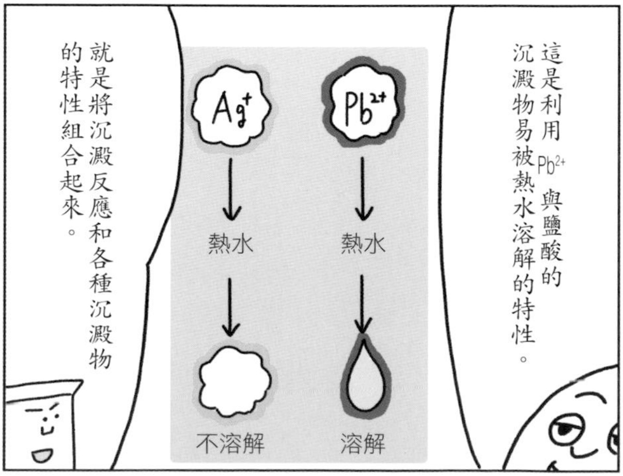
這是利用Pb^{2+}與鹽酸的沉澱物易被熱水溶解的特性。
熱水
溶解
熱水
不溶解
就是將沉澱反應和各種沉澱物的特性組合起來。

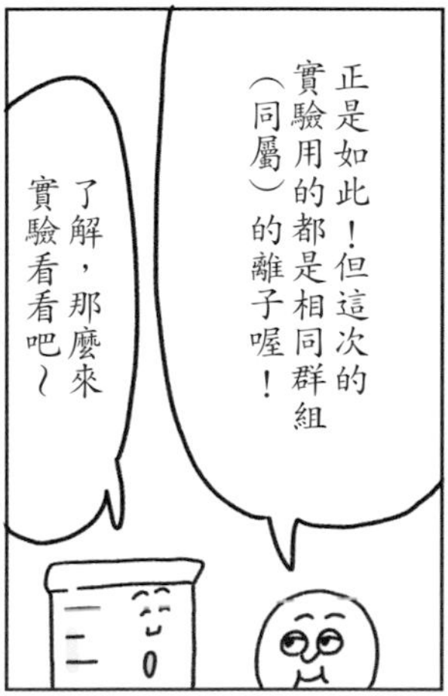
正是如此！但這次的實驗用的都是相同群組（同屬）的離子喔！
了解，那麼來實驗看看吧～

金屬離子的系統分離步驟

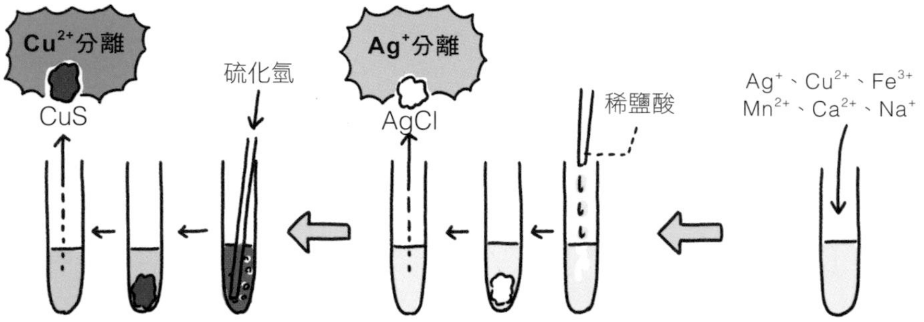

Ag^{+}、Cu^{2+}、Fe^{3+}
Mn^{2+}、Ca^{2+}、Na^{+}
稀鹽酸
Ag^{+}分離
AgCl
硫化氫
Cu^{2+}分離
CuS

①準備樣本。

②加入稀鹽酸，並過濾並取出沉澱物。

③將硫化氫加入濾液（酸性條件下）中，並取出沉澱物。

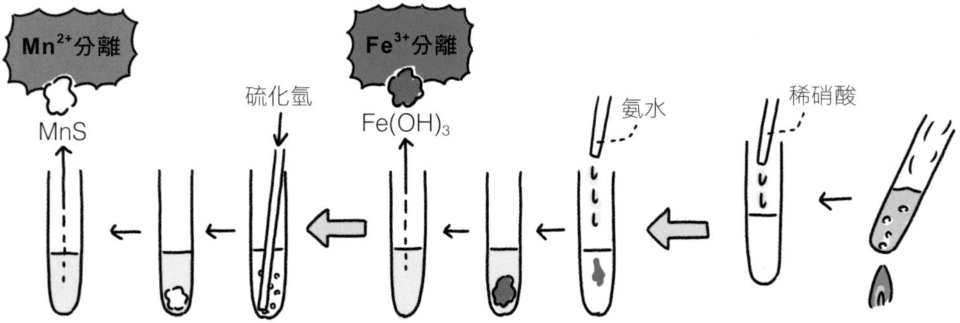

稀硝酸
氨水
Fe^{3+}分離
$Fe(OH)_3$
硫化氫
Mn^{2+}分離
MnS

④煮沸，使硫化氫蒸散後，加入稀硝酸（經硫化氫還原的Fe^{2+}變成Fe^{3+}）。

⑤加入過量的氨水，並取出沉澱物。

⑥加入硫化氫（鹼性條件下），並取出沉澱物。

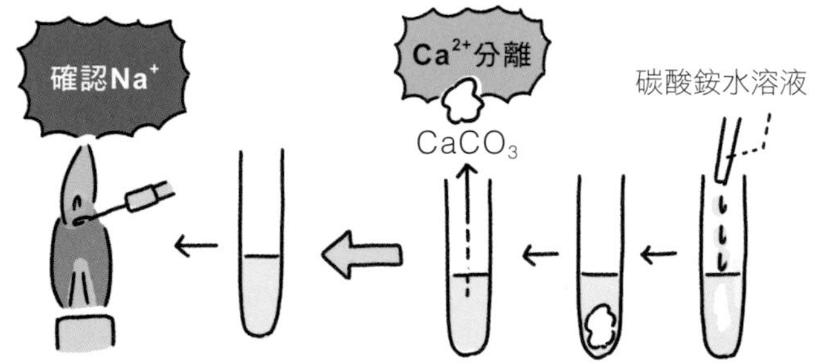

碳酸銨水溶液
Ca^{2+}分離
$CaCO_3$
確認Na^{+}

⑦加入碳酸銨水溶液，並取出沉澱物。

⑧用白金接種環沾取最後殘留的濾液並置於火焰中（焰色反應）。

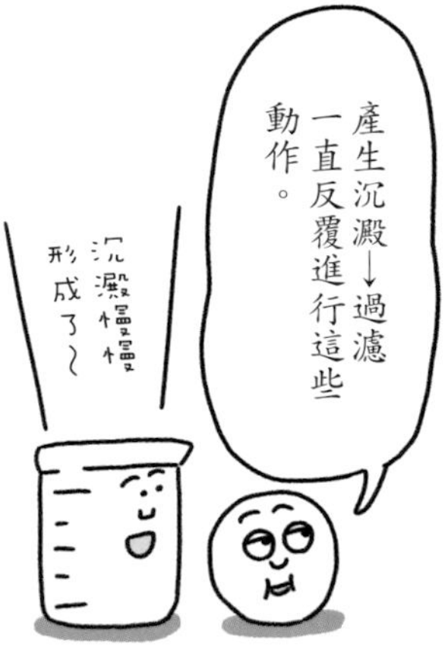

產生沉澱→過濾一直反覆進行這些動作。
沉澱慢慢形成了～

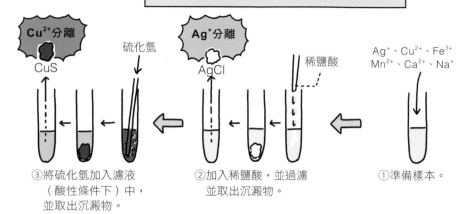

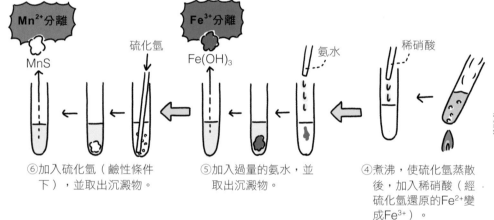

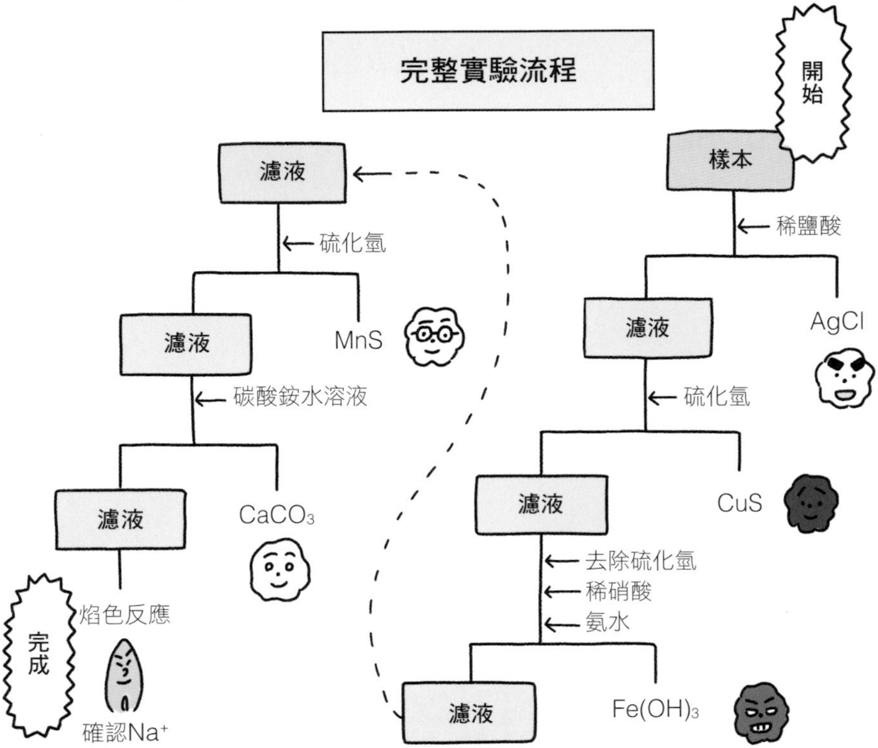

沉澱物有非常多種顏色，因此各式各樣的沉澱實驗都很受歡迎。在受矚目的鉻酸銀沉澱中，將透明的硝酸銀和淡黃色的鉻酸鈣水溶液加以混合，就會產生超乎想像的奇妙紅褐色沉澱。還有，硫酸銅和氨水加上氫氧化鈉水溶液所生成的藍白色氫氧化銅沉澱，任誰看了都會覺得美麗。它不僅僅是重要的化學實驗，也因為顏色和現象的調和性，所以人氣與焰色反應不相上下（？）。

燒杯君備忘錄

▼系統分離的最後是焰色反應。

金屬離子的系統分離實驗

實驗目的

- **體驗金屬離子性質的差異。**

實驗步驟

①準備含有Ag^{+}、Cu^{2+}、Fe^{3+}、Mn^{2+}、Ca^{2+}、Na^{+}的樣本。

②利用各分屬試劑來取出沉澱。

③最後利用焰色反應來確認Na^{+}。

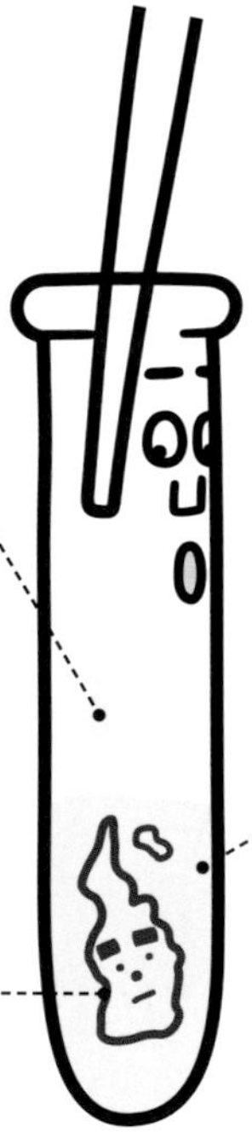
稀鹽酸
含6種金屬離子的溶液
AgCl沉澱

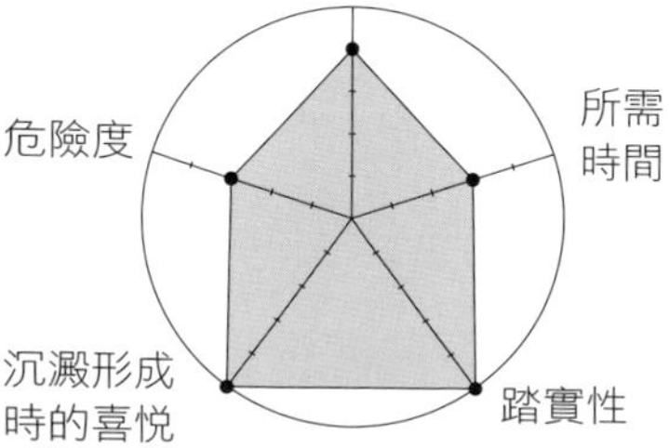
狂熱度
所需時間
踏實性
沉澱形成時的喜悅
危險度

一點小小的忠告
Onepoint Advice

「硫化氫必須在通風櫥中進行！」

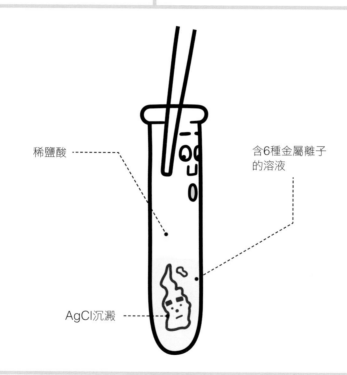

沉澱物

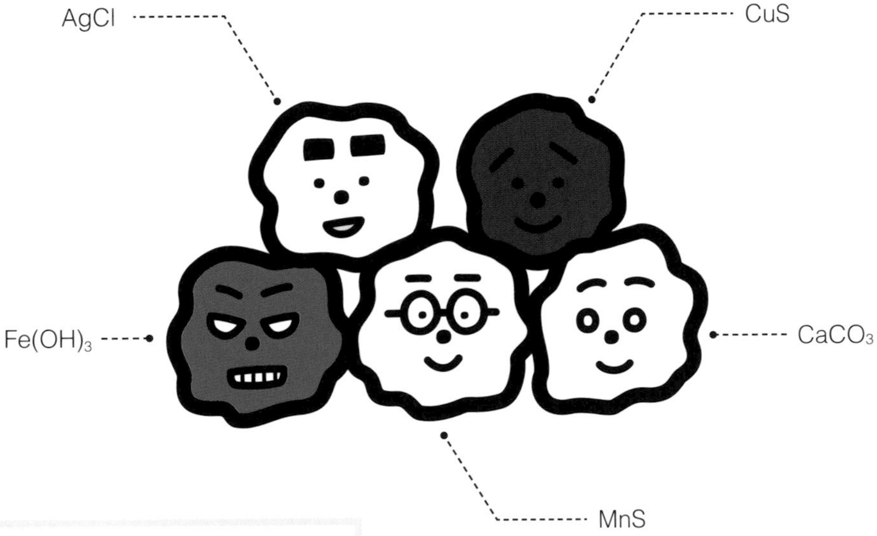
AgCl
CuS
$Fe(OH)_3$
$CaCO_3$
MnS

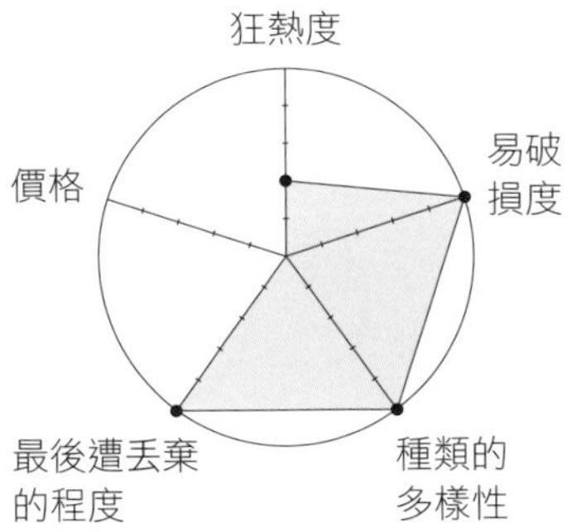
狂熱度
易破損度
價格
最後遭丟棄的程度
種類的多樣性

正式名稱 沉澱（precipitation）

擅長技能 證明特定金屬離子的存在。

個性特色 以沉澱自誇，因此聚集。

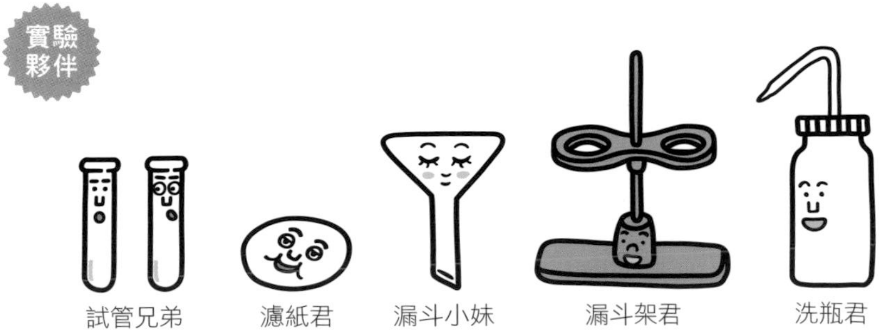
實驗夥伴
試管兄弟
濾紙君
漏斗小妹
漏斗架君
洗瓶君

附錄1 名詞解釋

焰色反應

在金屬離子的系統分離實驗裡，焰色反應也是最後不可或缺的步驟之一，它可以確定最後所殘留的物質。話雖如此，恐怕對多數人來說，和實驗室裡的反應相比，煙火才是身邊發生的焰色反應實驗吧！

結晶

即規律且正確配對排列的個體，如分子等。有像明礬結晶那樣的八面體，也有像鹽巴結晶的六面體。僅針對溶解各種物質，再使之成為結晶並探究其原因，就是個有趣的自由研究了，可是因為很花時間，所以必須要仔細考慮的實驗之一。

樣本

即為了分析所準備的試驗品。有從河川採集的水和田裡的土壤，以及透過地質調查得到岩石等這類野外調查中獲得的物質，還有動植物的細胞等。這個名詞在不同的實驗室裡所指的物質，既不相同又多元。面對該如何使用有限樣本時，神經多半是處於緊繃的狀態下。

純水

即將水裡所含的不純物或礦物質等，去除乾淨的水。進行精密分析時使用。雖然乾淨，有時候喝下肚也會引起腹瀉，所以並不建議當成飲用水來喝。另外還有去除純水階段也無法去除的雜質的超純水。

歸零

即使用天平以前，得先做的一個動作：在沒有放置任何待測物品的狀態下，將指示值調整為零。雖然它也是操作天平

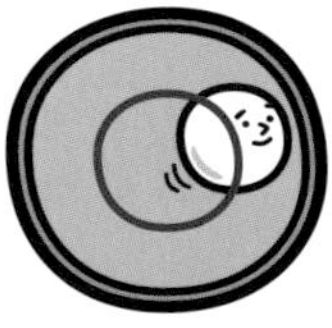

的作業之一，但非常容易忘記。忘記歸零的例子，多半是在實驗將要結束時才發現，而讓前面的量測結果就這麼付諸流水，是著實令人擔憂的陷阱。

潤洗

即在需要潤洗的實驗裡，藉由所使用的液體來清洗器具內部，是分析時經常進行的步驟。分二到三次全面沖洗，可以防止分析對象以外的物質參雜進來。話雖如此，但多數是在分析樣本量有限的情況，如何善用僅有的量來清洗器具內部，有時也是相當困難的技巧。或許情況不同，實驗起來的心情也不一樣?

廢液

林林總總的試劑混合物，包括調製後多餘的試劑、亂弄一通導致調配損耗的試劑，以及利用燒杯量取1毫升鹽酸的剩餘物等。將這些混合物倒進廢液回收容器時，很多時候攪拌子也會跟著掉進去，掉進去要找出來是相當困難的。倒進廢液回收容器的液體有時可以充分被中和而趨於中性，只是通常仍偏酸性或鹼性，因此徒手去觸碰是非常危險的，要避免接觸。

斐林反應

即利用德國化學家斐林（Hermann von Fehling）發明的斐林試液所做的反應實驗。使用斐林試液來進行的紅色沉澱實驗，是教科書和文獻裡，人們最熟悉的實驗之一。初次乍見時，總有「哇，紅色！」那樣的吃驚，而且會形成非常美麗的紅色沉澱。

苯和苯環

分子式為C_6H_6的化合物，構造呈正六角形的環狀；是六個氫環繞在正六角形的六個碳周圍的結合體。構造式只要出現苯，化學機制就會增加。看著若干正六角形相連的構造式，也是一件快樂的事。含苯者叫做芳香族，多半具有香味。至於是不是「好聞的味道」就另當別論了。

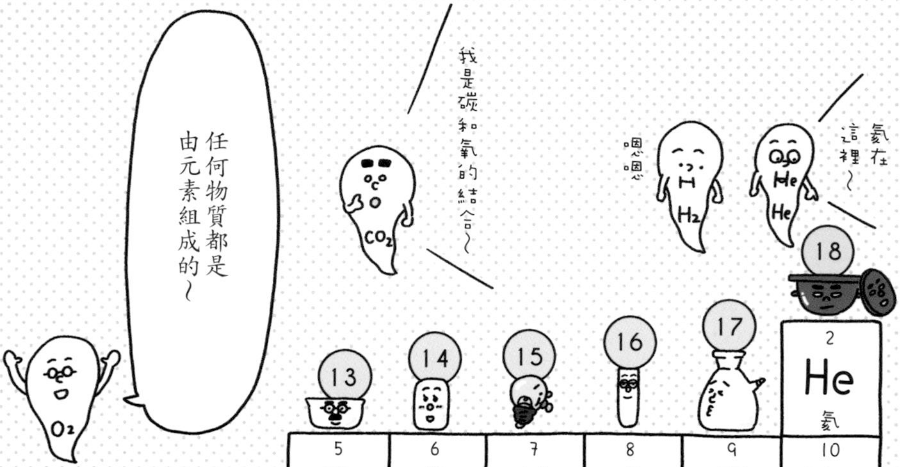
任何物質都是由元素組成的~
O₂
我是碳和氧的結合~
CO₂
嗯嗯
H
H₂
氦在這裡~
He
He
13
14
15
16
17
18

10
11
12

								2 He 氦
			5 B 硼	6 C 碳	7 N 氮	8 O 氧	9 F 氟	10 Ne 氖
			13 Al 鋁	14 Si 矽	15 P 磷	16 S 硫	17 Cl 氯	18 Ar 氬
28 Ni 鎳	29 Cu 銅	30 Zn 鋅	31 Ga 鎵	32 Ge 鍺	33 As 砷	34 Se 硒	35 Br 溴	36 Kr 氪
46 Pd 鈀	47 Ag 銀	48 Cd 鎘	49 In 銦	50 Sn 錫	51 Sb 銻	52 Te 碲	53 I 碘	54 Xe 氙
78 Pt 鉑	79 Au 金	80 Hg 汞	81 Tl 鉈	82 Pb 鉛	83 Bi 鉍	84 Po 釙	85 At 砈	86 Rn 氡
110 Ds 鐽	111 Rg 錀	112 Cn 鎶	113 Nh 鉨	114 Fl 鈇	115 Mc 鏌	116 Lv 鉝	117 Ts 鿬	118 Og 鿫

63 Eu 銪	64 Gd 釓	65 Tb 鋱	66 Dy 鏑	67 Ho 鈥	68 Er 鉺	69 Tm 銩	70 Yb 鐿	71 Lu 鎦
95 Am 鋂	96 Cm 鋦	97 Bk 鉳	98 Cf 鉲	99 Es 鑀	100 Fm 鐨	101 Md 鍆	102 No 鍩	103 Lr 鐒

附錄 2

元素週期表

元素記號上的數字為原子序號。
原子序號104以後的元素，在週期表上的位置是暫定的。

1 H 氫								
3 Li 鋰	4 Be 鈹							
11 Na 鈉	12 Mg 鎂							
19 K 鉀	20 Ca 鈣	21 Sc 鈧	22 Ti 鈦	23 V 釩	24 Cr 鉻	25 Mn 錳	26 Fe 鐵	27 Co 鈷
37 Rb 銣	38 Sr 鍶	39 Y 釔	40 Zr 鋯	41 Nb 鈮	42 Mo 鉬	43 Tc 鎝	44 Ru 釕	45 Rh 銠
55 Cs 銫	56 Ba 鋇	57～71 鑭系元素	72 Hf 鉿	73 Ta 鉭	74 W 鎢	75 Re 錸	76 Os 鋨	77 Ir 銥
87 Fr 鍅	88 Ra 鐳	89～103 錒系元素	104 Rf 鑪	105 Db 𨧀	106 Sg 𨭎	107 Bh 𨨏	108 Hs 𨭆	109 Mt 䥑

鑭系元素	57 La 鑭	58 Ce 鈰	59 Pr 鐠	60 Nd 釹	61 Pm 鉕	62 Sm 釤
錒系元素	89 Ac 錒	90 Th 釷	91 Pa 鏷	92 U 鈾	93 Np 錼	94 Pu 鈽

附錄
3

哪裡不一樣

比較左右兩圖，
找找看哪裡不一樣！
共有10處。（答案請見p.159）

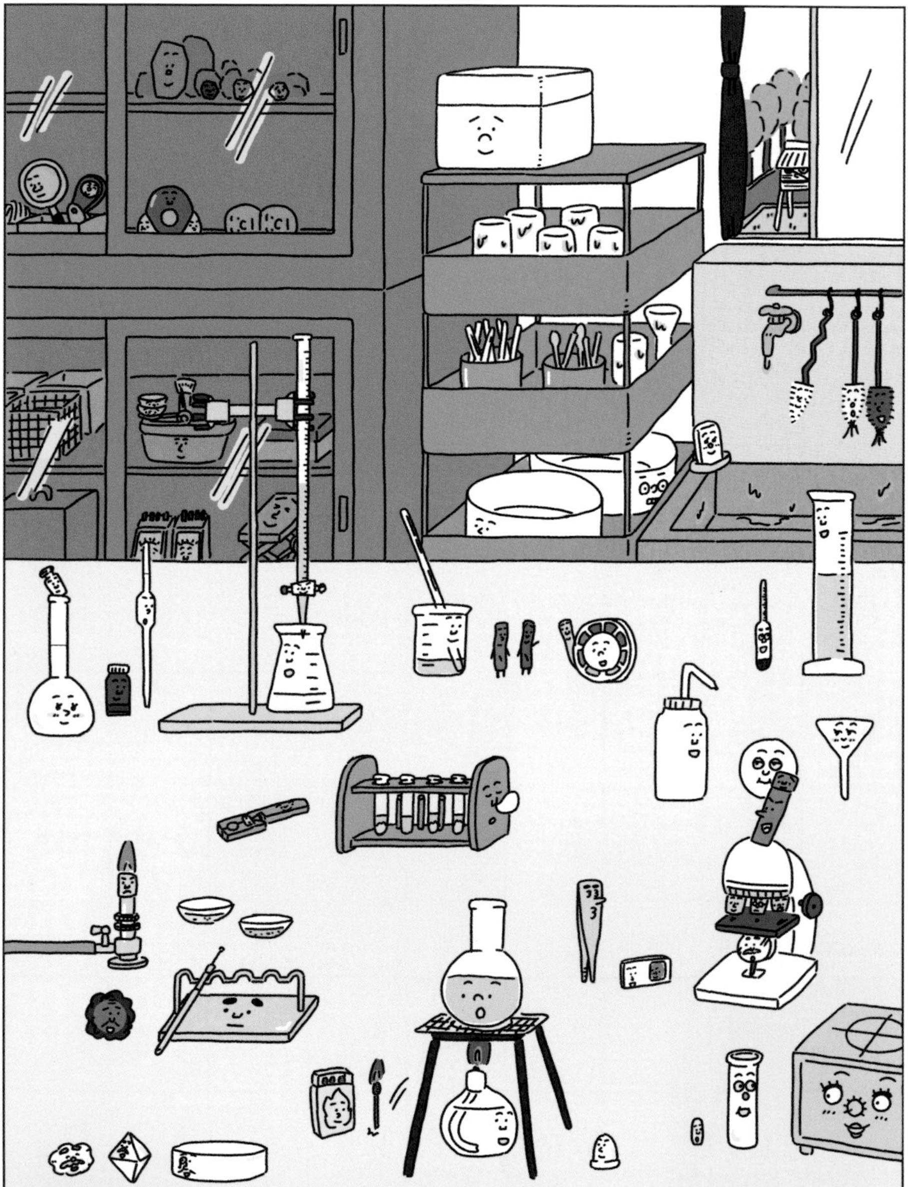

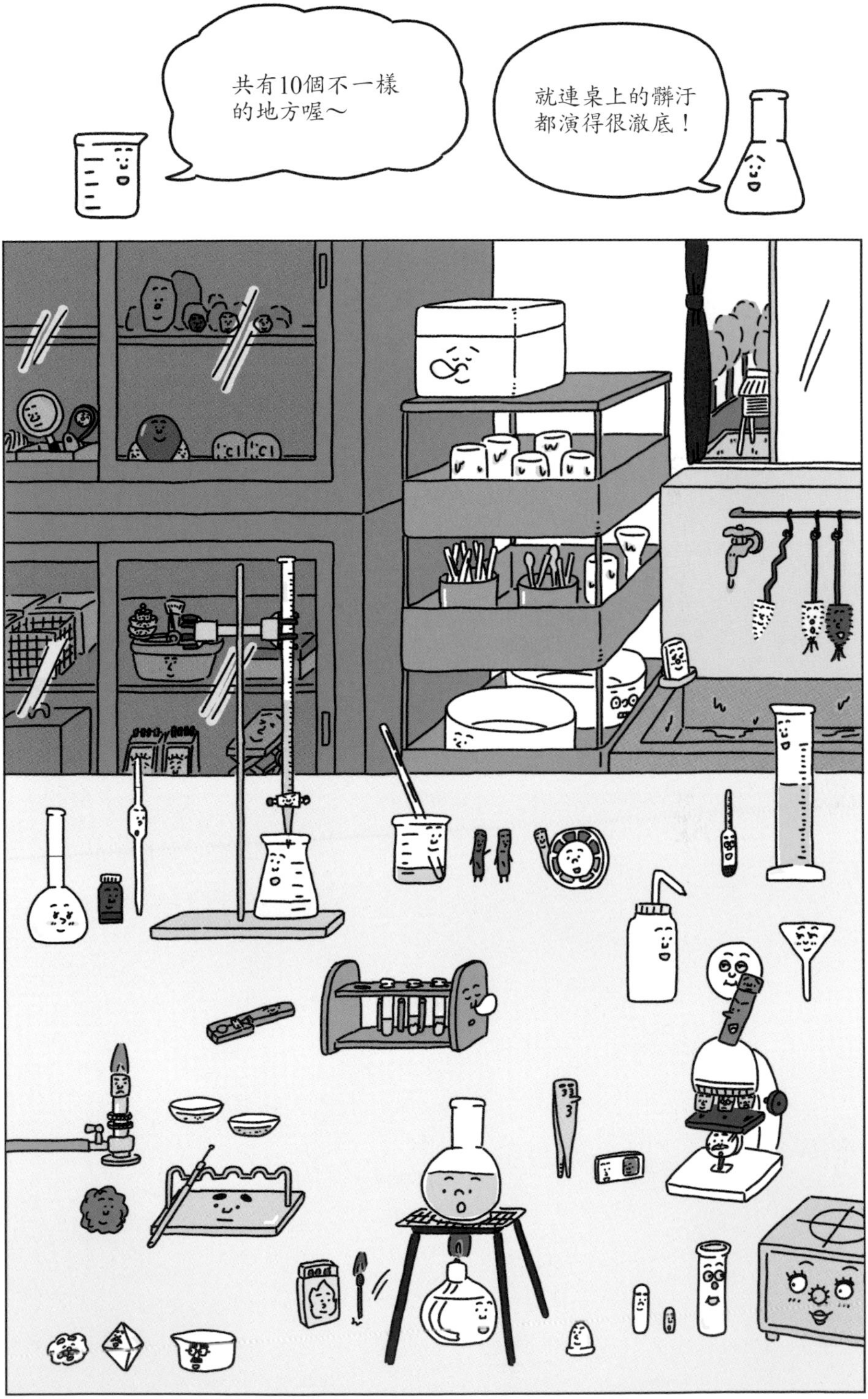
共有10個不一樣的地方喔～
就連桌上的髒汙都演得很徹底！

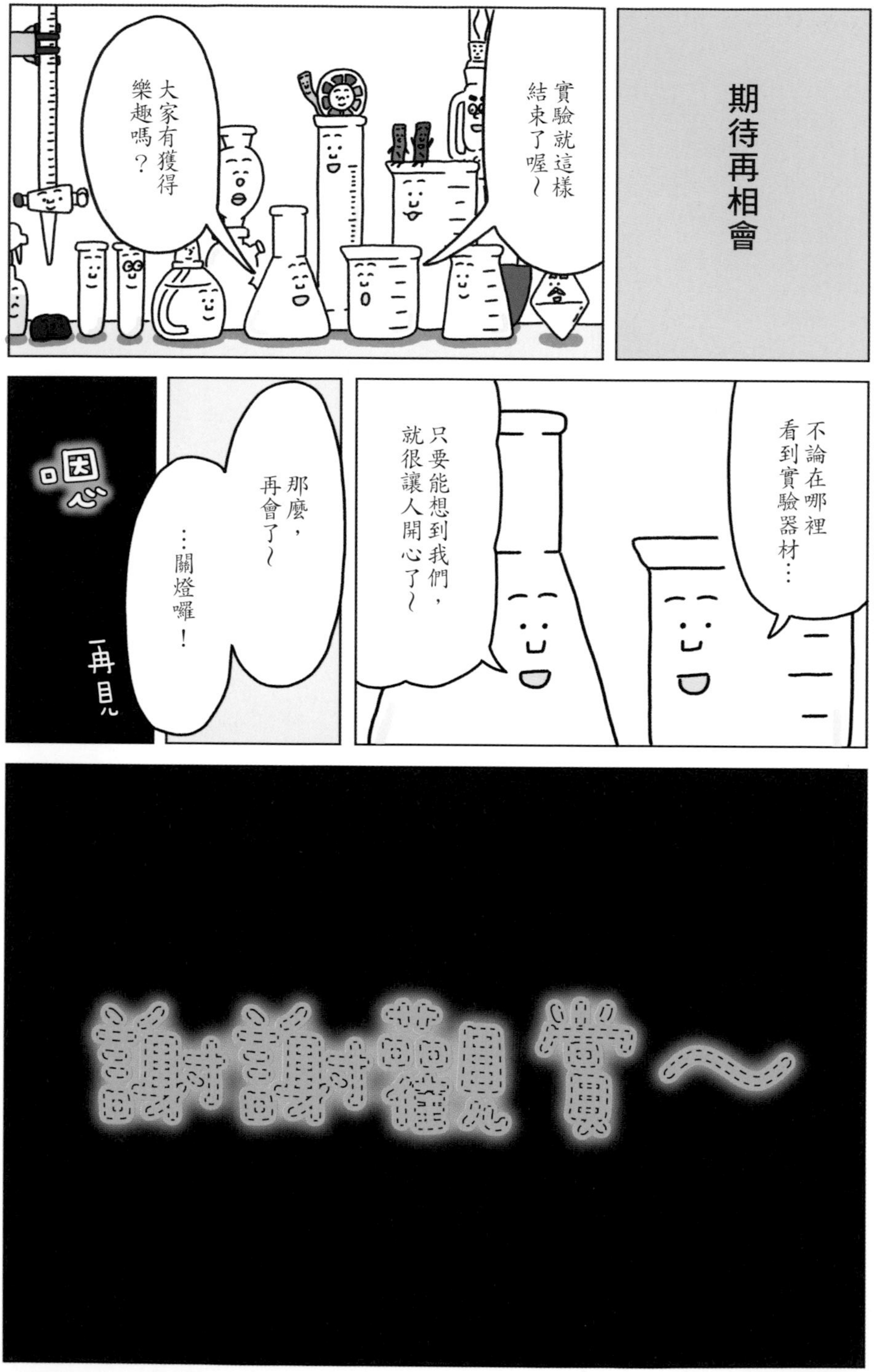
期待再相會
實驗就這樣結束了喔~
大家有獲得樂趣嗎？
不論在哪裡看到實驗器材…
只要能想到我們，就很讓人開心了~
那麼，再會了~
…關燈囉！
嗯
再見
謝謝觀賞～

參考文獻

・飯田隆等，藉插畫看見化學實驗的基礎知識，丸善出版（2009）
・化學實驗教材研究會編，基礎實驗，產業圖書出版（1993）
・化學同人編輯部編，安全的從事實驗，化學同人出版（2017）
・日本國立天文臺編，理科年表，丸善出版（2016）
・左卷健男，輕鬆了解化學實驗事典，東京書籍出版（2010）
・莊司菊雄，化學實驗手冊，技報堂（1996）
・數研出版編輯部編，改訂版 藉視覺捕捉FontScience化學圖錄，數研出版（2014）
・西奧多・格雷著，世界最美的分子圖鑑，創元社出版（2015）
・西山隆造・安樂豐滿著，第一次的化學實驗，Ohmsha出版（2000）
・日本化學會編，實驗化學講座1，丸善出版（2003）
・福地孝宏，利用實驗了解的化學，誠文堂新光社（2007）
・山崎昶，氧化與還原30講，朝倉書店出版（2012）
・米澤富美子，布朗運動，共立出版（1986）

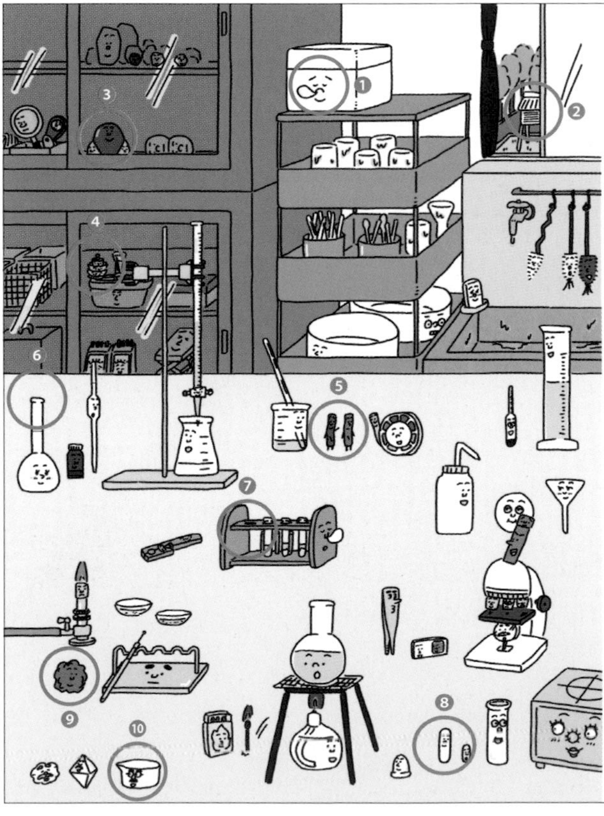

哪裡不一樣的解答

①保麗龍箱君睡著了
②百葉箱老大背對著
③H_2O分子模型君的嘴閉著
④載著砝碼
⑤藍色石蕊試紙君和紅色石蕊試紙君相反
⑥磨砂塞君不見
⑦少一根試管
⑧多一根攪拌子
⑨燃燒後鋼絲絨君大叔變成燃燒前鋼絲絨君
⑩培養皿男爵變成蒸發皿老爹

作者：上谷夫婦
生於日本奈良縣，現居神奈川縣。是一對原為化妝品製造商研究員的先生和非理工出身的太太所組成的夫妻檔。最愛吃京都拉麵。主要著作有《燒杯君和他的夥伴》（遠流）等。最喜歡的實驗器材還是燒杯，最喜歡的實驗是抽氣過濾實驗。

撰文：山村紳一郎
科學作家。出生東京都。日本東海大學海洋學系畢業後，經歷雜誌記者和攝影等職，並從事科學技術與科學教育之取材暨執筆。為介紹和啟發「有趣、易懂、觸感佳和有夢想的科學」而努力。2004年起，也在日本和光大學擔任鐘點講師。喜歡的實驗器材是錐形燒杯，喜歡的實驗是振盪反應。

Writer　山村紳一郎
Editor　小島俊介（ことり社）
Designer　佐藤アキラ
協力取材　桐山製作所有限公司

國家圖書館出版品預行編目（CIP）資料

燒杯君和他的化學實驗／上谷夫婦著；唐一寧譯.
--初版. --臺北市：遠流，2019. 03
面； 公分
ISBN 978-957-32-8454-3（平裝）

1.化學實驗

347　　108000283

燒杯君和他的化學實驗
作者／上谷夫婦
譯者／唐一寧

責任編輯／謝宜珊
特約美編／顏麟驊
封面設計／鄭名娣
出版六部總編輯／陳雅茜

發行人／王榮文
出版發行／遠流出版事業股份有限公司
臺北市中山北路一段11號13樓
郵撥：0189456-1　電話：02-2571-0297　傳真：02-2571-0197
遠流博識網：www.ylib.com　電子信箱：ylib@ylib.com
ISBN／978-957-32-8454-3
2019 年 3 月 1 日初版一刷
2022 年 7 月 4 日初版十刷

定價・新臺幣330元

BEAKER KUN NO YUKAINA KAGAKU JIKKEN

鋁鎳鈷合金
磁鐵君
釹磁鐵
鐵氧體
磁鐵君
焰色反應
紅色
焰色反應
金黃色
焰色反應
粉紅色
焰色反應
橘色
焰色反應
紫色
焰色反應
黃綠色
焰色反應
藍綠色
液態氮
儲存桶君
液態氮君
標本君
（載玻片君和
蓋玻片君）
顯微鏡
小組
放大鏡君
攜帶型
放大鏡君
折疊式
放大鏡君
工程計算
機器人
白金接種
環立架君
白金接種環君
和白金接種環
握把君
桐山
漏斗君
熱漏斗君
長柄漏斗
叔叔
明礬結晶
叔叔
小肥皂
保麗龍箱君
陰離子交換
樹脂君們
索式萃取器
用萃取管君
索式
萃取器用
燒瓶君
纖維
濾筒君
水鍋君和
蓋子君
陽離子交換
樹脂君們
基普
發生器君
6.80
桌上型pH計君
和電極君
pH指示劑3人組
甲基橙
溴瑞
香草
酚藍
酚酞
比重瓶
小姐
比重計君
平底
試管君
小型電磁
攪拌器小妹
燃燒中的
鋼絲絨大哥
氧化銅的
紅色
沉澱君
銀鏡君
雙勾
砝碼君
鐵砂們
沸石們
沉澱物
脱脂棉先生
角色也許還會
繼續增加喔～

酒精燈君和
蓋子君
本生燈君
電子
點火器君
火柴君
蠟燭君
實驗用
瓦斯爐君
三角架組
坩鍋君和
坩鍋蓋君
H_2O分子
模型君
Cl_2分子
模型君
電流計君
電壓計君
電源供應器
小姐
乾燥器君
紅色蓑衣蟲
導線雙胞胎
岩石君和礦物
三人組
乾燥管君
陶瓷纖維網
大哥
鈕扣電池君
鹼性
電池君
錳電池君
清洗刷君們
（滴管刷君、試
刷君、燒瓶刷君
離心機君
鐵架君
三叉夾君
緊急
沖淋器君
胃的
模型君
氮氣瓶君和
氮氣君
小燈泡寶寶
百葉箱老大
通風櫥先生
顯微鏡的
箱子君
實驗室的
椅子君